"十二五"普通高等教育印刷本科规划教材

印刷图像处理

主　编：孙刘杰

副主编：樊丽萍

主　审：刘　真

文化发展出版社
Cultural Development Press

内容提要

本书主要针对印前处理和数字图像处理涉及的具体实际问题，介绍了数字图像处理的基本概念和处理方式。全书分8章，着重介绍了数字图像的色彩处理、数字加网、数字图像增强技术、信息防伪——数字水印技术以及图像的格式与压缩技术等，使读者能够使用这些技术、理论来解决印刷图像处理过程中所遇到的问题。

本书主要适合印刷工程、数字印刷、图文信息处理、数字媒体、包装工程等本科专业的学生作为教材使用，也可供广大的平面设计、印前制作、多媒体数字内容设计和管理人员参考阅读。

图书在版编目（CIP）数据

印刷图像处理/孙刘杰主编;樊丽萍副主编.-北京:文化发展出版社,2013.2（2019.7重印）

（"十二五"普通高等教育印刷本科规划教材）

ISBN 978-7-5142-0765-1

Ⅰ.印… Ⅱ.①孙…②樊… Ⅲ.印刷图像－高等学校－教材 Ⅳ.TS801.3

中国版本图书馆CIP数据核字(2012)第304291号

印刷图像处理

主　　编：孙刘杰

副 主 编：樊丽萍

主　　审：刘　真

责任编辑：魏　欣　　　　　　　责任校对：郭　平

责任印制：邓辉明　　　　　　　责任设计：侯　铮

出版发行：文化发展出版社（北京市翠微路2号 邮编：100036）

网　　址：www.wenhuafazhan.com　　www.keyin.cn　　www.printhome.com

经　　销：各地新华书店

印　　刷：北京建宏印刷有限公司

开　　本：787mm×1092mm　　1/16

字　　数：270千字

印　　张：11.875

印　　次：2013年2月第1版　　2019年7月第5次印刷

定　　价：35.00元

IS B N：978-7-5142-0765-1

◆ 如发现印装质量问题请与我社发行部联系　　直销电话：010-88275710

◆ 我社为使用本教材的授课老师提供免费教学课件，欢迎来电索取。电话：010-88275712

前　言

　　随着信息技术的高速发展，人类进入了多种传播媒体并存的信息时代。科技发展不仅推动了印刷复制技术的进步，更新了印刷工艺，并且拓展了印刷复制技术的研究空间，同时也对印刷行业的本科教育提出了新的需求。目前市面上大多数关于印刷图像处理的书籍主要是基于 Photoshop 图像处理软件的操作，理论性和系统性欠缺。为了弥补这些不足，同时满足新的教学需求，促进和提高相关专业的教学水平，以及提高学生分析问题、解决问题的能力，本书力求将数字图像处理的基本概念和理论与色彩学、数字加网理论、印前处理技术以及数字水印技术紧密结合起来，并通过系统的实验操作将理论知识学习和实践教学更好地结合起来，增强学生的专业理论基础和创新能力。

　　本教材经过上海理工大学印刷包装工程专业多年的理论教学和实践教学经验的积累，在教材内容的安排上几经修改而定。例如考虑到印刷图像处理的特殊性，将图像二值化与数字加网技术合为一章，使学生或读者能理解数字加网技术与数字图像处理技术的共同性。本书运用大量 MATLAB 实例深入浅出地分析数字图像处理技术，使读者能更好地理解数字图像处理的理论。全书共分为 8 章内容，前 2 章讲述了数字图像的基本概念和图像处理涉及的各类变换以及印刷图像处理的基本内容；第 3 章至第 7 章叙述了数字图像处理技术在印刷图像处理中的具体应用；第 8 章的数字水印技术是近几年来一个新的研究领域，特别是几种典型水印技术的实例是孙刘杰老师多年精心研究的成果。

　　本教材由刘真教授主审，孙刘杰教授主编，樊丽萍副主编。第 1 章、第 7 章和第 8 章由孙刘杰编写；第 4 章和第 5 章由樊丽萍编写；第 3 章由马爽编写；第 2 章由王文举编写；第 6 章由张雷洪编写。其中第 1 章、第 7 章、第 8 章分别由李孟涛同学、刘宁宁同学和张雷洪老师帮助整理，邹红老师对全书进行了校稿。在编写过程中，刘真教授提出了大量宝贵的意见，在书籍出版的过程中得到学院领导和有关同事的大力帮助和支持，同时也得到上海市教委重点课程和上海理工大学核心课程的资助，在此一并表示感谢。

　　本书可供印刷、数字印刷、图文信息处理、数字媒体、包装工程等本科专业的学生使用，也可以供广大平面设计、印前制作、多媒体数字内容设计人员和管理人员参考使用。

　　由于专业技术水平有限，时间较紧，难免存在不足之处，敬请广大读者批评指正。

编　者

2012 年 11 月

目　录

第1章　印刷图像处理概论 ……………………………………………………… 1

　1.1　印刷成像技术 ……………………………………………………………… 1

　　1.1.1　印前成像 ……………………………………………………………… 2

　　1.1.2　印刷成像 ……………………………………………………………… 4

　1.2　印刷图像处理的主要内容 ………………………………………………… 7

　　1.2.1　色彩管理技术 ………………………………………………………… 7

　　1.2.2　高保真印刷复制技术 ………………………………………………… 9

　　1.2.3　印刷质量检测与评价 ………………………………………………… 11

　　1.2.4　印刷防伪技术 ………………………………………………………… 12

　1.3　本教材的主要章节 ………………………………………………………… 14

第2章　数字图像处理基础 ……………………………………………………… 16

　2.1　数字图像的基本知识 ……………………………………………………… 16

　　2.1.1　连续图像 ……………………………………………………………… 16

　　2.1.2　数字图像 ……………………………………………………………… 16

　2.2　图像采样 …………………………………………………………………… 17

　　2.2.1　一维采样定理 ………………………………………………………… 17

　　2.2.2　图像采样定理 ………………………………………………………… 18

　2.3　图像量化 …………………………………………………………………… 19

　2.4　数字图像的输入/输出设备 ……………………………………………… 20

　　2.4.1　数字图像的输入设备 ………………………………………………… 20

　　2.4.2　数字图像的输出设备 ………………………………………………… 21

　2.5　图像处理的基本变换 ……………………………………………………… 22

　　2.5.1　傅里叶变换 …………………………………………………………… 22

　　2.5.2　离散余弦变换 ………………………………………………………… 30

　　2.5.3　离散沃尔什—哈达玛变换 …………………………………………… 31

　　2.5.4　$K-L$变换 ……………………………………………………………… 34

　　2.5.5　小波变换 ……………………………………………………………… 35

第3章　数字图像压缩与编码 ……………………………………………… 38

 3.1　数据冗余 …………………………………………………………… 38

  3.1.1　编码冗余 …………………………………………………… 38

  3.1.2　像素间冗余 ………………………………………………… 39

  3.1.3　心理视觉冗余 ……………………………………………… 39

  3.1.4　无损压缩和有损压缩 ……………………………………… 39

 3.2　数字图像压缩模型 ………………………………………………… 39

  3.2.1　信源编码器和信源解码器 ………………………………… 39

  3.2.2　信道编码器和解码器 ……………………………………… 40

  3.2.3　图像编码算法分类 ………………………………………… 40

 3.3　数字图像压缩方法 ………………………………………………… 41

  3.3.1　熵编码概念及基本原理 …………………………………… 41

  3.3.2　预测编码 …………………………………………………… 46

  3.3.3　变换编码 …………………………………………………… 46

 3.4　数字图像文件格式 ………………………………………………… 48

  3.4.1　TIFF 格式 ………………………………………………… 48

  3.4.2　EPS 格式 …………………………………………………… 49

  3.4.3　JPEG 格式 ………………………………………………… 50

  3.4.4　PDF 格式 …………………………………………………… 50

  3.4.5　SVG 格式 …………………………………………………… 51

 3.5　图像压缩标准 ……………………………………………………… 51

  3.5.1　JPEG 和 JPEG2000 ……………………………………… 51

  3.5.2　MPEG 标准 ………………………………………………… 52

  3.5.3　H.261/H.263/H.264 标准 ……………………………… 53

第4章　色彩模型及转换 …………………………………………………… 55

 4.1　色彩模型与色彩空间 ……………………………………………… 55

  4.1.1　概念 ………………………………………………………… 56

  4.1.2　RGB 色彩模型 …………………………………………… 56

  4.1.3　CMY 和 CMYK 色彩模型 ………………………………… 58

  4.1.4　Lab 色彩模型 …………………………………………… 60

  4.1.5　HSI 色彩模型 …………………………………………… 61

 4.2　色彩空间的转换 …………………………………………………… 62

  4.2.1　RGB 与 CMYK 间的色彩转换 …………………………… 63

  4.2.2　RGB 与 HSI 间的色彩转换 ……………………………… 67

 4.3　伪彩色处理 ………………………………………………………… 68

  4.3.1　伪彩色与伪彩色处理 ……………………………………… 68

4.3.2 灰度级－彩色变换法 ……………………………… 69

  4.3.3 灰度分层伪处理技术 ……………………………… 70

  4.3.4 频率域法伪彩色处理 ……………………………… 71

  4.3.5 多光谱图像的伪彩色处理 ………………………… 72

 4.4 专色 …………………………………………………………… 73

  4.4.1 专色的基本概念 …………………………………… 73

  4.4.2 专色油墨的特点和使用规则 ……………………… 73

  4.4.3 颜色匹配系统 ……………………………………… 74

第5章 灰度变换与色彩校正 ……………………………………… 76

 5.1 基本概念 ……………………………………………………… 76

  5.1.1 阶调与色调 ………………………………………… 76

  5.1.2 直方图 ……………………………………………… 77

 5.2 图像的运算 …………………………………………………… 78

  5.2.1 点运算 ……………………………………………… 78

  5.2.2 图像的逻辑和算术运算 …………………………… 83

  5.2.3 几何运算 …………………………………………… 86

 5.3 灰度变换技术 ………………………………………………… 91

  5.3.1 线性灰度变换 ……………………………………… 92

  5.3.2 分段灰度变换 ……………………………………… 93

  5.3.3 非线性灰度变换技术 ……………………………… 94

  5.3.4 Photoshop 软件灰度变换的应用 ………………… 95

 5.4 色彩校正 ……………………………………………………… 98

  5.4.1 色彩校正流程概述 ………………………………… 98

  5.4.2 图像色偏的判断 …………………………………… 100

  5.4.3 图像色偏的校正 …………………………………… 101

第6章 图像增强 ……………………………………………………… 104

 6.1 空间域图像增强 ……………………………………………… 104

  6.1.1 空间滤波基础 ……………………………………… 104

  6.1.2 平滑处理 …………………………………………… 105

  6.1.3 锐化技术 …………………………………………… 111

 6.2 频率域图像增强 ……………………………………………… 119

  6.2.1 低通滤波 …………………………………………… 119

  6.2.2 高通滤波 …………………………………………… 123

第7章 二值化与数字加网技术 …………………………………… 128

 7.1 数字网目调的基础理论 ……………………………………… 128

7.1.1　数字网目调的概念 ……………………………… 128

7.1.2　网目调技术的应用 ……………………………… 129

7.1.3　加网参数 ………………………………………… 129

7.1.4　前端加网与后端加网 ……………………………… 132

7.1.5　加网技术的分类 …………………………………… 132

7.2　调幅加网和调频加网的定义 ………………………… 133

7.2.1　调幅加网 ………………………………………… 133

7.2.2　调频加网 ………………………………………… 133

7.2.3　混合加网 ………………………………………… 134

7.3　阈值法转换二值图像 ………………………………… 135

7.3.1　Photoshop 中的直方图 ………………………… 135

7.3.2　直方图的性质 …………………………………… 136

7.3.3　直方图的作用 …………………………………… 136

7.3.4　全局阈值化 ……………………………………… 137

7.4　调幅加网的方法 ……………………………………… 138

7.4.1　有理正切加网 …………………………………… 138

7.4.2　无理正切加网 …………………………………… 139

7.4.3　超细胞加网 ……………………………………… 139

7.5　调频加网的方法 ……………………………………… 140

7.5.1　模式抖动加网算法 ……………………………… 140

7.5.2　误差扩散算法 …………………………………… 143

7.5.3　点扩散算法 ……………………………………… 145

第8章　数字水印技术 ……………………………………… 149

8.1　数字水印技术概念 …………………………………… 149

8.2　数字水印的基本框架模型 …………………………… 151

8.2.1　水印的生成 ……………………………………… 152

8.2.2　水印的嵌入 ……………………………………… 153

8.2.3　水印的检测和提取 ……………………………… 153

8.3　数字水印的特征 ……………………………………… 154

8.3.1　不可见性 ………………………………………… 154

8.3.2　安全性 …………………………………………… 155

8.3.3　鲁棒性 …………………………………………… 155

8.4　典型水印技术实例 …………………………………… 156

8.4.1　最低有效位算法 ………………………………… 156

8.4.2　离散余弦变换域算法 …………………………… 157

8.4.3　傅里叶变换全息水印技术 ……………………… 159

8.4.4　加密全息水印技术 ……………………………… 161

8.5　加密全息水印仿真结果和性能分析 ·························· 168

8.5.1　加密图像全息水印的嵌入及提取 ·················· 168

8.5.2　水印的鲁棒性测试 ····························· 170

8.6　印刷水印技术 ································· 173

8.6.1　印刷及印刷防伪技术概述 ····················· 173

8.6.2　数字水印技术在印刷品防伪中的特性 ················ 174

8.6.3　加密全息水印印刷和认证技术 ··················· 174

8.6.4　基于 CMYK 颜色空间的光全息水印算法特性分析 ········· 175

参考文献 ····································· 179

第1章 印刷图像处理概论

印刷图像处理是一门综合了计算机科学、数学、印刷工艺学等多学科的交叉科学，是利用数学方法和计算机这一现代化的信息处理工具，对印刷过程中的图像信息进行加工、处理和输出的专门技术。其目的是使印刷复制的图像更加忠实于原稿，更具艺术性和实用性。印刷图像处理涉及印刷工艺全部流程，印前、印刷和印后的相关过程都离不开图像处理技术，如印前的图像输入、图像制作、创意设计、图像制版等；印刷过程中的图像转移、图像质量检测、成像控制等；印后的质量评价；等等。印刷图像处理的流程一般由以下几个步骤构成：首先就是输入原始图像，印刷图像处理的对象可能来源于印前的原稿、印刷过程中的控制输入或印后的质量检测等；输入设备涉及扫描仪、数码相机或高速摄像机；输入图像的分辨率较高，往往不低于600dpi；输入图像一般是彩色图像，图像数据量大。其次针对图像的使用目标不同，设计不同的处理方案，印前图像处理目的是进行色彩变换，进行色域匹配，进行分色和加网处理，可能还需要进行色彩校正和相关的非线性处理工作等；印刷过程控制和印后质量检测的目标是需要测量印刷图像中的缺陷和提取相关的性能指标，处理过程涉及图像空间变换，图像特征提取等，可以更好地实现对印刷机的调整和对印刷的质量控制；印刷水印防伪技术涉及对待印刷图像进行处理，在印刷图像中嵌入水印信息，可能在空间域或变换域中进行，将信息隐藏到印刷图像中，提取时可以再将印刷图像输入计算机，通过分析和计算，提取隐藏的信息，判断印刷品的真伪。最后，是图像的输出，针对不同的印刷设备，对印刷图像进行对应的补偿处理，对于特殊的印刷设备，可能需要采用特殊的分色和加网方法，才能获得高质量的印刷品。本章简要介绍印刷成像技术和印刷图像处理。

1.1 印刷成像技术

印刷成像技术主要是指印前的扫描成像、照相成像和激光照排成像，印刷过程中的CMYK套色成像、静电成像、喷墨成像等。印刷成像技术随着计算机技术、网络技术、光机电技术及材料科学等技术的迅猛发展，逐渐实现从传统模拟印刷技术向全面数字印刷技术的变革。小批量、多品种、高质量和短周期的印刷品需求日益增强，印刷市场正趋于个性化和多元化，对印刷成像技术提出了新的挑战。而数字印刷正是印刷领域在满足逐渐发展成型的个性化印刷、出版市场需要的应变过程中的新生物。本节主要讲述目前传统印刷和数字印刷

成像技术现状，侧重于数字印刷成像方式。

1.1.1 印前成像

印刷的基础是原稿，原稿质量的优劣，直接影响印刷成品的质量。因此，必须选择和设计适合印刷的原稿，在整个印刷复制过程中，应尽量保持原稿的格调。如何使模拟图像转换为数字图像，然后对数字图像进行分色，使分色后的图像信息传递到印版上是印前成像研究的重点。

1.1.1.1 电子分色技术

电子分色技术是采用光电扫描技术和电子计算机技术，从彩色原稿直接制成各分色底片的制版设备，即是将影像原稿（正片、负片等透射稿，照片、印刷品等反射稿），通过电子分色机转换成计算机使用的数字影像，也就是分色成为 RGB 三色或是 CMYK 四色色彩的数字影像。用电子计算机对图像进行色彩校正、层次校正等修正，获得分色底片。

（1）电子分色原理

电子分色是用光电扫描实现的。将一束白光（一般用卤素灯或氙灯做光源）聚焦成一个很小的光点向原稿逐点逐行扫描。每个透过原稿或由原稿反射出来的光点由一套光学系统接收。经光学系统处理后得到蓝、红、绿三束色光，分别投射到三个光电倍增管上，将光信号转换成电信号。电信号的强弱随的强弱而变化。每个光点转换所得的电信号经过一系列的电路进行层次校正、色彩校正、提高清晰度及强调细微层次等处理，最后输入记录装置。将电信号转换成光信号使感光材料曝光，在这里光信号的强弱又取决于电信号的强弱。经逐点逐行在感光片上扫描曝光后即得到一张分色片。重复扫描四次得到印刷黄、品红、青、黑四色的分色片。新型的分色机可以一次分出四色分色片，并可与电子计算机拼版系统配合进行整页拼版。

（2）电子分色的特点

电子分色所得的图像清晰度很高，并且已经过层次及色彩校正，因而制得的分色片稍做修整即可制作印版，既提高了质量和效率，又节约了感光材料。将图像扫描后（即数字化）输入计算机，由计算机实现全部层次、色彩校正，细微层次强调及缩放等功能，将使图像处理全部数字化，分色机的结构更加简化，使图像的色彩还原能力更强。

1.1.1.2 扫描设备

扫描仪是图像信号输入设备，它对原稿进行光学扫描，然后将光学图像传送到光电转换器中变为模拟电信号，此信号又被模拟/数字（A/D）转换器将模拟电信号变换成为数字电信号，最后通过计算机接口送至计算机中。扫描仪扫描图像的方式大致有三种：以光电耦合器（CCD）为光电转换元件的扫描、以接触式图像传感器 CIS（或 LIDE）为光电转换元件的扫描和以光电倍增管（PMT）为光电转换元件的扫描。

（1）以光电耦合器（CCD）为光电转换元件的扫描仪工作原理

多数平台式扫描仪使用光电耦合器（CCD）为光电转换元件，它在图像扫描设备中最具代表性。其形状像小型化的复印机，在上盖板的下面是放置原稿的稿台玻璃。扫描时，将扫描原稿面朝下放置到稿台玻璃上，然后将上盖盖好，接收到计算机的扫描指令后，即对图像原稿进行扫描，实施对图像信息的输入。

扫描仪对图像画面进行扫描时，线性 CCD 将扫描图像分割成线状，每条线的宽度大约为

10μm。光源将光线照射到待扫描的图像原稿上，产生反射光（反射稿所产生的）或透射光（透射稿所产生的），然后经反光镜组反射到线性 CCD 中。CCD 图像传感器根据反射光线强弱的不同转换成不同大小的电流，经 A/D 转换处理，将电信号转换成数字信号，即产生一行图像数据。同时，机械传动机构在控制电路的控制下，步进电机旋转带动驱动皮带，从而驱动光学系统和 CCD 扫描装置在传动导轨上与待扫原稿做相对平行移动，将待扫图像原稿一条线一条线地扫入，最终完成全部原稿图像的扫描。

（2）接触式图像传感器 CIS（或 LIDE）

接触式图像传感器 CIS（或 LIDE）是近些年才出现的名词，其实这种技术与 CCD 技术几乎是同时诞生的。绝大多数手持式扫描仪采用 CIS 技术。CIS 感光器件一般使用制造光敏电阻的硫化镉作感光材料，硫化镉光敏电阻感光单元之间干扰大，严重影响清晰度，这是该类产品扫描精度不高的主要原因。它不能使用冷阴极灯管而只能使用 LED 发光二极管阵列作为光源，这种光源无论光色还是光线的均匀度都比较差，导致扫描仪的色彩还原能力较低。LED 阵列由数百个发光二极管组成，一旦有一个损坏就意味着整个阵列报废，因此这种类型产品的寿命比较短。无法使用镜头成像，只能依靠贴近目标来识别，没有景深，不能扫描实物，只适用于扫描文稿。CIS 对周围环境温度的变化比较敏感，环境温度的变化对扫描结果有明显的影响，因此对工作环境的温度有一定的要求。

（3）光电倍增管（PMT）工作原理

与用于平板式扫描仪的线性 CCD 图像传感器不同，光电倍增管（PMT）为滚筒式扫描仪采用的光电转换元件。

在各种感光器件中，光电倍增管是性能最好的一种，无论在灵敏度、噪声系数还是动态范围上都遥遥领先于其他感光器件，而且它的输出信号在相当大范围内保持着高度的线性输出，使输出信号几乎不用做任何修正就可以获得准确的色彩还原。

光电倍增管实际是一种电子管，其感光材料主要是由金属铯的氧化物及其他一些活性金属（一般是镧系金属）的氧化物共同构成。这些感光材料在光线的照射下能够发射电子，经栅极加速后冲击阳电极，最后形成电流，再经过扫描控制芯片进行转换，就生成了物体的图像。所有扫描设备的感光元件中，光电倍增管是性能最为优秀的一种，其灵敏度、噪声系数、动态密度范围等关键性指标远远超过了 CCD 及 CIS 等感光器件。同样，这种感光器件几乎不受温度的影响，可以在任何环境中工作。但是这种扫描仪的成本极高，一般只用在最专业的滚筒式扫描仪上。

滚筒式扫描仪扫描图像时，将要扫描的原稿贴附在透明滚筒上，滚筒在步进电机的驱动下高速旋转，形成高速旋转杆面，同时，高强度的点光源光线从透明滚筒内部照射出来，投射到原稿上逐点对原稿进行扫描，并将透射和反射光线经由透镜、反射镜、半透明反射镜、红、绿、蓝滤色片所构成的光路将光线引导到光电倍增管进行放大，然后进行模/数转换进而获得每个扫描像素的红（R）、绿（G）、蓝（B）三基色的分色颜色值。这时，光信息被转换为数字信息传送，并存储在计算机中，完成扫描任务。它的扫描特点是一个像素一个像素地输入光信号，信号采集精度很高，且扫描图像的信息还原性很好。

1.1.1.3 数码相机

数码相机中的镜头将光线汇聚到感光器件 CCD 上，CCD 代替的是传统相机中胶卷的位置，它的功能是将光信号转换为电信号，此时就得到了对应于拍摄景物的电子图像，由于这时图像文件还是模拟信号，还不能被计算机识别，所以需要通过 A/D（模/数）转换器转换成数字信号，然后才能以数据方式进行存储。接下来微处理器对数字信号进行压缩，并转换为特定的图像格式，常用的用于描述二维图像的文件格式包括 TIFF（Tagged Image File Format）、RAW（Raw data Format）、FPX（Flash Pix）、JFIF（JPEG File Interchange Format）等，最后以数字信号存在的图像文件会以指定的格式存储到内置存储器中，然后可以通过 LCD（液晶显示器）对其查看。

1.1.2　印刷成像

目前印刷技术的基础是大量的发明创造，其中计算机科学、机械工程学、信息技术、物理学、化学的相关发明，对印刷技术的发展做出了重要贡献。计算机和信息技术的迅猛发展，给印刷技术和印刷工业带来了最持久的冲击，并且仍在继续。

印刷产品生产可以描述为一个信息加工系统。在这个系统中，信息数据和信息载体发生改变，并且采用的印刷技术决定着何种信息载体的使用。在有版的传统印刷和无版印刷两种技术中，平版印刷、凹版印刷、凸版印刷和丝网印刷等是有版的印刷技术，而静电摄影和喷墨印刷等是最常用的无版印刷技术。

1.1.2.1　有版印刷成像技术

有版印刷技术通常是指传统印刷技术，印版都是信息载体介质。在印刷材料的表面，信息通过油墨的部分转移来形成，所有的信息都通过图像元素（转移的油墨）和非图像元素（没有油墨）来体现。有版印刷是指需要通过印版来转移印刷油墨的印刷方式。印刷彩色图文时，一般需要制作黄（Y）、品红（M）、青（C）三原色和黑（K）印版；印刷时通过油墨叠印再现原稿颜色的印刷。对于一些专色的印刷品，例如，线条图表、票据、地图等，则需要制作专色印版。

目前，CTP 直接制版技术日臻成熟，已成为现代印刷印前制版的主旋律。为适应印刷制版用户的不同需求，柯达、富士胶片、网屏等国际知名公司推出不同机型，既有大规格、超大规格 CTP 机，又有实用价廉的中、小型 CTP 机；有的公司还推出一机多用的通用型 CTP 机。当前，CTP 机的制造技术越来越先进、成熟；产品功能越来越齐全；制版质量越来越高；制版速度越来越快速。CTP 版材主要有三种类型：银盐型、光聚合型、热敏型。

为了保证在印刷品中能再现连续色调值，如照片原稿的色调，原稿被分解成极小的网点，这些网点会产生大小或距离的改变，这个过程被称为加网。加网的主要作用是产生网目调，模拟连续色调的层次，最后将灰色图像转换为二值的图像。由于大多数印刷技术都采用二值工作方式，并且只能完成两个操作之一，即转移油墨和不转移油墨，所以加网技术非常必要。

除了凹版印刷技术是改变网穴深度之外，有版印刷技术都是将油墨传递给印版图文，并且全部印版图文具有基本相同的油墨厚度，只有承印材料表面印刷元素的面积和排列会发生改变，再现图像不同的阶调值。由于网点较小，人的眼睛无法识别图像单个印刷元素，观察者看到的印刷品是连续调的。

1.1.2.2　无版印刷成像技术

数字印刷中的成像技术是指不施加任何冲击力或接触压印力就能在承印物上形成文字或图像的印刷方式。它是数字印刷的基础技术，从根本上决定了印刷产品质量的好坏。数字印刷与传统印刷有较大的不同，它是一种无须印版和印刷压力的印刷方式，它是在整个印刷过程中，用数字描述页面文件的形式进行传递，在承印物表面以数字成像方式直接成像的技术。目前，人们常见的数字印刷有静电成像数字印刷、喷墨成像数字印刷、磁成像数字印刷、电子成像数字印刷、电凝聚成像数字印刷、电子束成像数字印刷等。目前发展最快、应用领域最广的两种数字印刷技术是静电成像技术和喷墨成像数字印刷技术。

（1）静电印刷成像技术

静电成像是目前应用最广泛、技术最成熟的数字印刷技术之一。它使用涂有光导体的滚筒式感光鼓，经电晕电荷充电，然后激光扫描曝光，受光部分的电荷消失，而未受光部分通过带有与感光鼓上电荷极性相反的色粉或液体色剂附着其上，构成图文部分，再转移到承印物上，最后通过加热、溶剂挥发或其他固化方法使墨粉固化，形成印刷品。

静电成像数字印刷的图像载体是光导体，这种材料在黑暗中为绝缘体，在光照条件下电阻值下降，成像平面的曝光和不曝光部分产生电位差异，材料的光导性成为图像载体表面形成静电潜像的工艺基础。

静电成像数字印刷的工艺过程大致可分为：充电→曝光→显影→转移→定影→清洗等，如图1-1所示。

①成像。静电印刷成像技术通过对一个合适的光敏表面充电（产生一个均匀的带电表面）及控制光源（激光或者发光二极管）来成像。印刷图像与光导鼓上光信号的位置相对应。这个均匀带电表面的图像部分放电，结果使曝光和放电的区域与所需要的印刷图像一致，来完成静电印刷的过程。

②着墨。静电摄影使用专用的油墨，其可以是粉状色粉或液体色粉，可根据组分来改变结构，并

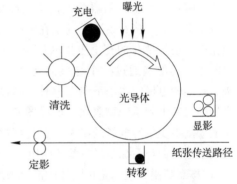

图1-1　静电成像数字印刷原理图

可以包含有颜料形式的呈色剂。对于压印来说，油墨非常重要，是决定性的因素。显影由一套显影系统来完成，不与光导鼓接触，转移精细色粉的微粒大小约为 $8\mu m$。充电色粉生成图像的方式是使光敏表面的充电区域吸附色粉，因此，显影后，光导鼓上的潜像就变成了吸附色粉的可见影像。

③色粉转移。色粉可以直接转移到纸张上，在某些情况下，也可以通过鼓状或带状的中间载体来转移。转移主要是直接从光导鼓转向承印材料。为了使充电的色粉微粒从光导鼓表面转移到纸张，需要通过一个电源来产生静电力，即通过这种鼓表面和承印材料之间接触压力的支撑力，将微粒转移到纸张上。

④定影。定影系统可以将色粉微粒固定在纸张上，产生稳定的印刷图像。常用的设计是在热和接触压力下，使色粉融化并在纸张上固定。

（2）喷墨印刷成像技术

喷墨成像是一种计算机直接印刷技术。它利用计算机控制喷嘴喷出的细微墨滴在承印材料上沉淀，产生密度而形成图文的技术。它首先将对原稿进行数字化处理后形成的信号存储在计算机内，然后每次印刷时，由这些图文的数字化信号控制喷墨装置，使墨滴按照给定的信号转移到承印物上。喷墨印刷技术并不需要静电摄影中的光导鼓这种图像信息的中间载

体。在喷墨方式中，油墨可以直接转移到纸张上，喷墨技术可分为连续喷墨和按需喷墨。喷墨印刷通常采用液体油墨，但也采用通过加热而液化的热熔墨。热熔墨喷射到承印材料上，冷却后固化。

连续式喷墨印刷是指喷墨印刷系统在印刷过程中，其喷嘴连续不断地喷射出墨滴，再采用一定的技术方法将连续喷射的墨滴进行"分流"，使对应图文部分的墨滴直接喷射到承印物上，形成图像，而对应非图文部分的墨滴则被偏转喷射方向，而被喷射到回收槽中转移回收。

在连续喷墨印刷方式中，液体油墨在压力作用下通过一个小圆形喷嘴，依靠高频而产生连续性的墨流，再被分离为单个墨滴，并带上静电，然后在图像信息的控制下，墨滴被喷射到承印物上或被转移回收（如图1-2所示）。

原稿信息首先由信号输入装置输入到喷墨印刷主机部分的系统控制器，然后由它来分别控制喷墨控制器和承印物驱动装置。喷墨控制器首先使连续喷射的墨水粒子化，形成单个墨滴，接着墨滴经过设在喷嘴前部位置的、并可根据图文信号变化的充电电极时感应上静电并使之带电，这时带电的墨滴通过一个与墨滴运动方向垂直的偏转电极，在偏转电极的作用下向上偏转，越过墨滴拦截器，以高速喷射冲击到承印物表面，形成图文。而未带电或带电少的墨滴不受偏转电场的影响，直接穿过电场而被拦截进入墨水槽的循环系统，以便循环使用。

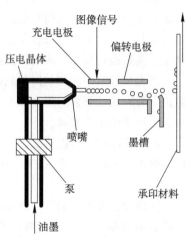

图1-2 连续喷墨印刷方式

"按需喷墨"技术是按图像的需要来产生微小墨滴。最重要的"按需喷墨"技术是热泡喷墨和压电喷墨印刷。热泡喷墨是通过加热来产生墨滴，并使墨腔中的液体油墨局部汽化。压电喷墨是通过机械作用使喷腔变形，由一个压电信号和腔壁的压电特性产生的动作，使墨滴成形，并从喷嘴中喷射出来。根据技术条件，热泡喷墨产生墨滴的频率要低于压电喷墨产生墨滴的频率。

①热喷墨成像技术。热喷墨技术是依靠热脉冲产生墨滴。在热喷墨印刷系统中，打印头的墨水腔的一侧为加热元件，另一侧为喷孔，印刷时，加热元件在图文信号控制的电流作用下迅速升温至高于油墨的沸点，与加热元件直接接触的油墨汽化后形成汽泡，汽泡充满墨水腔进而使油墨从喷孔喷出到达承印物，形成图文。一旦油墨喷射出去，加热板冷却，而墨水腔依靠毛细管作用由贮墨器重新注满，如图1-3所示。

②压电喷墨成像技术。压电喷墨技术是采用压电晶体的振动来产生墨滴。压电晶体把压力脉冲施加在油墨上，当压电产生脉冲时，压电晶体发生变形而形成喷墨的压力，喷墨管在压力作用下挤出油墨而形成墨滴，并高速向前飞去，这些墨

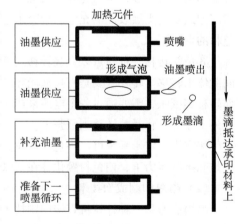

图1-3 热喷墨成像技术

滴不带电荷，不需要偏转控制，而是任其射到承印物上而形成图像。在墨水腔的一侧装有压电晶体，印刷时，墨腔内的压电板在图文信号控制的电流作用下发生变形，表面凸起呈月牙形，并凸向墨水腔，从而挤压墨滴从喷嘴中喷出，然后压电晶体恢复原状，墨水腔中重新注满墨水，如图1-4所示。

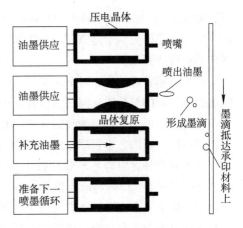

图1-4 压电喷墨成像技术

喷墨印刷技术是通过喷嘴直接将墨滴喷射到承印物上形成图文。与其他印刷方式相比，喷墨印刷的主要技术特点有：

a. 喷墨印刷是一种非接触式的无版印刷。在喷墨印刷过程中，喷头与承印材料相隔有一定的距离，是属于真正意义上的无版、无压印刷。因此，喷墨印刷对承印物的形状和材质无要求，可以在任何形状的物品上印刷，所用的材料可以是纸张、丝绸、金属，也可以是陶瓷、玻璃等易碎物体，这是其他印刷方式不能比拟的。

b. 喷墨印刷生产周期短。由于喷墨印刷不需要使用印版，相比于传统印刷，喷墨印刷属于全数字化印刷，完全脱离了传统印刷工艺的烦琐程序，因此可以大大缩短作业生产周期。

c. 喷墨印刷分辨率高、印刷质量优良。喷墨印刷的喷嘴可以喷射出微细的墨滴，形成高分辨率的图文，其印刷分辨率接近胶印印刷的质量水平。

d. 喷墨印刷实现智能化操作。喷墨印刷系统由计算机直接控制管理，可实现智能化全自动作业，因此操作简单方便。

e. 可实现可变数据印刷和定制印刷，图像信息可随时改变，能够满足用户的短版印刷及个性化印刷要求。例如：个人相册、产品说明、资料、试销产品、包装样品等。

1.2 印刷图像处理的主要内容

印刷图像处理的主要目的是针对不同的印刷成像过程，研究图像处理技术，达到图像的精确复制。其主要研究内容是色彩管理与颜色校正技术、高保真印刷复制技术、印刷质量检测与评价、印刷防伪技术等。

1.2.1 色彩管理技术

色彩管理是在20世纪90年代由印刷工业最先提出的，是彩色桌面出版系统发展的产物。20世纪80年代末以后，计算机技术的发展给印刷界带来了巨大冲击，电分时代封闭式的印前作业流程被开放式的彩色桌面出版系统所代替，扫描、图像处理、拼版、发排、打样、印刷等工序被分割开来，在不同公司的不同设备上完成，于是设备之间的颜色传递就成了非常关键的问题，"所见即所得"的概念因此被提出。最早意识到这个问题及其潜在市场的是以色列 Scitex 公司的创始人 Efi Arazi。他于1990年脱离 Scitex 公司，成立了"影像电子公司"，专门从事不失真颜色信息传递问题的研究。在彩色桌面出版技术领先的其他几家公司，如 Apple、Adobe、Kodak、Hewlett – Packard、Pantone 和 Xerox 等公司也先后投入这方面的开发与实用研究。于是 20 世纪 90 年代初 "色彩管理系统" 这一新名词应运而生，并迅速在印刷业传播开来。

这些色彩管理的先驱者都开发了自己的色彩管理系统，用设备特性文件（Device Profile）解决设备之间的颜色匹配问题。但各公司的设备特性文件格式不同，只能在自家的色彩管理系统内使用，形成了各自为政的分割局面。用户只能选择一个公司的产品，所以两个用户如果使用不同公司的色彩管理系统，他们之间的交流就会出现障碍。Apple 公司意识到设备特性文件不兼容将会阻碍色彩管理技术的发展，必须在操作系统级别上加以解决，于是 1993 年 Apple 引进了 "ColorSync" 概念。ColorSync 是一个建立在 Macintosh 操作系统上的色彩管理体系，提供了系统级的色彩管理功能和应用程序接口（API），软件开发商可以利用这些应用程序接口开发具有色彩管理功能的软件。Apple 还倡导建立了 ColorSync 联盟，由使用 Apple 设备特性文件并以此架构色彩管理系统的公司组成。同年，ColorSync 联盟发展成为一个国际性组织，这就是目前的国际色彩联盟（Interntional Color Consortium），简称 ICC。ICC 将 ColorSync 联盟的色彩管理结构从 Macintosh 扩展到 Windows 和 Unix 操作系统上。ICC 成立后，基于 Apple 设备特性文件制定了 ICCProfile 文件格式及色彩管理机制，结束了各自为政的分割局面，形成了色彩管理的统一局面。许多公司在 ICC 色彩管理体系下开发了色彩管理软件，Windows95 开发了操作系统级的色彩管理系统 ICM（Image Color Management），桌面出版软件也有相应的功能支持，ICC 色彩管理机制得到了广泛的应用，成为了事实上的国际标准。2005 年 12 月，ICCProfile 格式及其色彩管理机制发展成为国际标准。色彩管理是目前国际上非常热门的研究领域，其关键技术的研究受到广泛的青睐，如色差公式的研究、色貌模型、色域映射算法等，研究成果不断涌现。例如色貌模型的研究，自 20 世纪 90 年代中期以来，短短 10 年时间，发展了近 20 个色貌模型，促成了色貌模型国际标准的建立。

这几年色彩管理技术在国内印刷业得到快速推广，出现了一些专门提供色彩管理服务的公司。一些先进的印刷技术必须有色彩管理的保驾护航才能得以实施，如计算机直接制版技术。计算机直接制版将经过拼版的图文信息通过由计算机控制的激光束直接记录在印版上，省去了输出胶片再进行晒版的过程，因此也不可能再进行传统的机械打样了，但是在正式印刷前仍然需要校样、签样，因此数码打样就成了计算机直接制版工作流程中一项必备的技术。数码打样是利用色彩管理技术在打印机上模拟印刷效果进行版面打样，用于制版前版面的检查和客户签样。印刷行业是以颜色复制为中心的工业，因此色彩管理理所当然就成了其关键的技术，但国内对色彩管理的研究还比较少，使用的色彩管理软硬件绝大部分都是国外公司开发的。

ICC 对参考观察环境和参考介质作了明确规定，有助于对参考介质上图像色貌的确切描述。但是这种解决方案并不完美，存在以下问题：

①CIELab 号称 "均匀色空间"，用色空间中两个颜色点之间的距离度量它们的色差。但 "均匀" 是相对的，与它之前的 1931CIEXYZ 和 CIE1960UCS 等色空间比较，它是相当均匀的，但随着研究的深入，人们发现其色相均匀性还是不够理想。在其恒色相面上移动观察时，仍会感觉到色相的改变，这种改变在蓝色区域（色相角为 290°左右）尤为明显。而色空间的色相均匀性对于色域映射、图像质量评价都具有非常重要的意义。

②CIELab 是在简单色块基础上建立的，只适用于描述简单色块的色貌和色差，不适于描

述空间分布特性复杂的图像色貌和色差。

③CIELab 只适用于观察条件不变的颜色复制场合，如光源固定，不适于跨媒体颜色复制或仅仅是观察条件改变时的颜色复制。

④色貌预测能力较弱。

因此，将 CIEXYZ 或 CIELab 色空间作为 PCS 都不能满足色彩管理的要求，由此造成的问题也是不可避免的。

采取预定义的颜色转换方式带来了以下弊端：

①对色域映射的影响。使用参考介质色域在一定程度上解决了预定义颜色转换方式中色域压缩的问题。但实际印刷设备色域由于介质、油墨、工艺等差异大小各不相同，参考介质色域为了包含所有实际设备色域，必须比任何实际印刷设备色域都大，因此造成色域压缩比实际需要的大，颜色失真也增大。这是预定义颜色转换方式本身无法解决的。

②预定义颜色转换方式造成的第二个弊端是用户需要创建很多 Profile 文件。因为一个 Profile 只能适用于固定的观察条件和固定的分色参数。观察条件改变时，需要重新创建 Profile。分色参数改变时，也需要重新生成 Profile。这样，一个设备可能会有若干个 Profile。而创建一个 Profile 需要消耗不少的人力和物力，需要非常认真、细致的工作，否则精度就无法保证。这给用户带来了一定的麻烦。

③无法采用基于图像的色域映射算法。大量实验表明，在色域映射时使用图像色域要比使用源设备色域效果好。但采用预定义颜色转换方式在创建 Profile 时就已经执行了色域映射，无法采用基于图像的色域映射算法。

④无法使色彩管理具有智能。采用预定义的颜色转换方式，就不能根据实际情况进行自动的处理。但采用预定义颜色转换方式却可以提高图像转换的速度，因此 ICC 机制是一种牺牲颜色转换的精度和灵活性换取转换速度的一种解决方案。

集中分析各种现有色彩管理机制，深入研究 ICC 色彩管理机制的核心内容，分析其优点和弊端，结合对颜色科学领域最新发展成果提出一套改进机制，并实现其基本功能，是色彩管理研究重要方向。引进最新的色貌模型研究成果——iCAM，打破历史上把适用于简单色块的色貌模型用于复制图像的惯例。采用实时的颜色转换方式，消除预定义颜色转换带来的众多弊端，使色彩管理智能化成为可能，赋予色彩管理智能，也是色彩管理研究的重要内容。

1.2.2　高保真印刷复制技术

在印刷复制流程中，影响原稿颜色准确再现的关键工艺就是彩色图文信息的分色输出过程。常规四色印刷使用黄（C）、品红（M）、青（Y）、黑（K）4 种颜色油墨，其可再现的色域范围小，颜色复制准确度较低。针对四色印刷存在的问题，为提高颜色复制的保真度，除采用常规的青、品红、黄、黑四色油墨外，还需要增加额外的基色油墨如橙（O）绿（G）组合或 R(红) G(绿) B(蓝) 组合，这种利用多色（超四色）油墨进行分色印刷的技术称为高保真印刷分色技术。高保真印刷分色技术可以扩大图像的印刷色域，使印刷颜色更加鲜艳和明亮，更接近自然界光谱色的颜色效果，从而实现高保真印刷复制。

在多色分色技术中，分色算法的作用是将原稿图像的色度值转变为各分色版的网点面积率值。根据当前的研究现状，从算法的实现原理上分析，可以将多色分色算法划分为数学模型法、经验模型法和基于光谱的分色算法三种类型。按照应用对象的不同，又可以将算法分为针对传统印刷工艺和针对有浅色通道的多通道喷墨打印分色算法两种类型。

数学模型法和经验模型法是最早使用的两类分色方法。但这两类方法都是以实现原稿和复制品之间的色度值匹配为目标，属于基于同色异谱原理的色度颜色复制。这种颜色复制方式降低了颜色复制难度，在大多数情况下可以实现颜色的准确再现。但色度颜色复制也存在如下问题：①基于三刺激值的颜色再现，其色貌一致只能保持在一定条件下，当观察条件变化较大时，复制效果往往出现较大误差。②传统多色复制方法通过增加基色数量来增大颜色叠加的自由度，但由于印刷所用色料和原稿所用色料可能具有完全不同的光谱特性，因此也不同程度地影响了颜色复制的精度。

针对色度颜色复制存在的问题，颜色科学领域中的一些研究者提出了基于光谱的颜色复制方法。基于光谱的颜色复制具有如下优点：①以光谱匹配为颜色再现标准，由于自然界物体的光谱反射曲线具有唯一性，因此无论光源及观察条件如何变化，通过光谱匹配复制的印刷品依然可以保持稳定和准确的颜色复制效果。②采用多基色分色方法，不仅能够增加颜色合成和分解的自由度，而且可实现最佳复制墨色组合的动态选择，从而大大提高颜色复制的精度。鉴于上述优势，该技术已经成为高保真印刷复制领域的一个研究热点。

多通道喷墨打印分色是针对当前数码打样领域中普遍应用的彩色喷墨印刷工艺而提出的一项分色技术。多通道喷墨打印分色一般在 CMYK 四基色通道的基础上又增加了对应基色的浅色通道。因此与传统分色方法不同，多通道喷墨打印分色在算法上主要包括两个过程，分别是色度值到基色通道值的转换过程和基色通道值到全通道值（包含浅色通道）的转换过程。由于目前国内在彩色数字喷墨印刷设备的研发方面还处于空白，因此一些相关核心技术还掌握在国外厂商手中。在喷墨印刷分色方面，爱普生、惠普等大公司的研究机构相继发布了一些相关技术文献和专利，国内只有少部分人在此方面进行过研究。

在基于传统印刷工艺的多色分色中，数学模型法和经验模型法应用较多。相比较前者，后者是建立在大量颜色特征样本点的基础之上，如果采用的数学方法得当，能够获得较高的分色精度。而对于数学模型法来说，虽然不需要设计和打印特征颜色样本集，但是如果想获得较高的精度，就需要对颜色各分区的纽阶堡方程组进行精确修正，而修正工作同样需要分版印刷相关颜色梯尺。

与数学模型法和经验模型法相比，光谱分色算法能够实现同色同谱复制，这不仅能够大幅度提高颜色复制的精度，而且能使颜色复制效果不受光源和观察条件的变化。但其分色算法的原理导致该方法也存在一定的缺陷：①基于光谱的分色方法一般需要对原稿色料的光谱信息进行重建，并以此判断原稿复制所用的最佳油墨组合。因此基于光谱的颜色复制流程与原稿相关，如果原稿发生变化就需要重新创建分色流程，这样对于普通印刷应用来说，采用光谱复制技术需要花费很大的工作量，所以鉴于它具有很高的复制精度，基于光谱的颜色复制目前主要应用于高档艺术品等固定原稿类型的复制。②复杂的算法流程使得光谱复制的实施难度较大。③研究和实施成本高。例如在光谱数据采集阶段就需要使用高精度分光光度计配合高分辨率数码相机，这些都要求高昂的研究成本。鉴于光谱分色算法的优缺点，目前该方法多用于高档艺术品的复制。

在多色分色算法的研究过程中，为了创建分色模型，需要分版印刷特征颜色样本集；为了验证分色算法精度，又需要分版印刷色标图像。分版印刷特征颜色样本集和色标图像一般会选择平版打样工艺，但平版打样工艺在稳定性和准确性控制方面比较复杂，且需要较高的实验成本。因此，多色分色领域今后的研究方向不仅在于分色算法本身，还应该着力解决实验难题。

随着多色喷墨印刷技术的发展和普及，借助多色喷墨打印设备研究多色分色，在成本和精度方面是一个很好的选择。当前也有一些研究人员正在利用 PCL、ESC 等打印机控制语言实现多色喷墨设备的输出控制，并以此为基础来研究多色分色技术。随着数字印刷技术的快速发展，彩色喷墨印刷技术在数字打样、广告和艺术品喷绘等方面大量应用。大多数多色喷墨打印设备都在原有主色通道的基础上增加了相应的浅色通道，不仅有效地扩展了印刷色域，也使得打印颗粒更加细致，层次更加丰富，色调变化更加平滑。鉴于我国目前在数字喷墨印刷相关研究方面的欠缺，对多通道喷墨打印分色的研究越加显得重要。

高保真印刷复制主要研究内容有：

①色域压缩和色域边界描述问题。在第一级分色模型的构建过程中，需要将分色模型的输入色域压缩（映射）到目标设备色域中，虽然论文"基于分区纽阶堡方程的6色印刷分色模型研究"中提出了基于节点地址的色域压缩方案，但由于节点地址实质上是对色域边界的一种粗略估计，该方法虽然提高了色域压缩的算法速度，但是在压缩精度上还有进一步提升的空间。

②确定各基色和相应浅色通道之间的最佳取值分界点，这是构建第二级分色模型的关键。需要通过大量实验来确定基色与浅色通道之间的使用关系对图像色域和阶调层次的影响规律。

1.2.3　印刷质量检测与评价

数字技术的应用渗透到了印刷品复制的各个环节，不仅实现了印前作业和印刷媒体准备的全数字化生产流程，同时以数字方式控制图文输出的数字印刷技术也得到了飞速发展。在过去的 10 年里，基于静电成像、喷墨成像等技术的数字印刷系统凭借其快速、可变、按需等特点在信息复制、媒体传播及工业领域发挥重要作用。显然，印刷工业中的大多数生产环节已进入了高度自动化的阶段，但唯独最后一个环节即印刷质量评价与控制环节例外。

数字印刷质量评价就是对数字印刷品质量的评价与描述。数字印刷品可能包含文字、图形和图像三种静态媒体，虽然文字和图形具有矢量数据描述的特征，但这两种媒体通过数字印刷系统记录到承印材料上后就失去了矢量描述的特征，因此数字印刷品可当作图像来看待。数字印刷质量评价本质上属于图像质量评价的范畴。图像质量评价方法是数字印刷品质量评价的参考和基础。

Wolin 和 Tse 等人提出基于机器视觉的客观图像质量评价系统可提供主观质量评价方法无法具备的高重复性和高可靠性，并开发了相应的图像质量分析系统。该质量分析系统由计算机图像捕获系统、图像分析软件和运动控制系统等构成。Briggs 等人开发了小型的手持便携式图像质量检测仪，用于线条和文本、套准、填充等质量特征的检测。Vartiainen 等人探讨借助于机器视觉可以实现快速的印刷质量视觉评价，从而使印刷质量评价不再依赖于人眼，使测试具有较好的可重复性和准确性。Kipman 等人探讨基于机器视觉系统开展数字制造领域的质量检测与分析评价。

在印刷质量检测方面，欧洲、美国及日本都已经取得了很大的进步，早在 20 世纪 80 年代，就积极致力于采用基于机器视觉技术的图像处理系统，对视觉信息数字化，通过电脑实现印刷质量的"看见"和"认知"，对印刷品进行高速度的、高精度的、100%的实时检测，彻底消除了人为的失误，建立了统一的、可量化的检验标准。目前能提供全自动印刷品质量检测设备的有瑞士的 BOBST、美国的 PROIMAGE、日本的 DAC 和 TOKIMEC。但是其致命的缺点是：价格昂贵、不符合我国质量控制标准、配套服务不全等。

我国在印刷质量检测与评价方面的研究才刚刚起步，企业的印刷质量检测还没有实现自动化，只是在理论研究和实验阶段，如江南大学、武汉大学、西安理工大学的研究和实验等，还没有形成自主知识产权的系统。

印刷质量检测与评价研究的主要内容如下：

①关键视觉质量属性的实验研究。通过主观印刷质量评价实验，分析各层次的传统印刷和数字印刷质量属性及其特点，结合当前国际上正在开展的相关质量标准研究小组提出的建议，对主要关键质量属性进行综合评价。

②印刷质量指标的分析与检测算法研究。分析影响印刷质量的各个质量属性可能涉及的质量指标及其影响作用大小，研究选择主要对质量属性影响较大的质量指标（必要时也可适当增加）。然后针对这些质量指标开展相应的检测算法研究。

③印刷品数字化及其颜色空间转换。印刷质量评价建立在印刷品的数字化基础上，需要利用扫描仪或数码相机把印刷品样张转换为数字图像，并从扫描仪或数码相机的 RGB 颜色空间转换到与设备无关的 CIELab 或 CIEXYZ 颜色空间。印刷品的数字化、数字图像捕获设备的标定与特征化及颜色空间转换的有效性是开展印刷质量评价的前提。

④视觉传递函数的获取。在各质量指标的检测算法设计过程中，需要考虑到人眼视觉对不同空间频率成分的感觉特点，因而在质量指标的计算过程中要使用视觉传递函数。参考前人已提出了诸多视觉传递函数，根据印刷质量评价的常见评价环境和条件，研究最合适的人眼视觉传递函数。

⑤印刷品主观评价实验与分析。印刷品主观质量评价结果是建立质量评价模型的依据。考虑到印刷品具有多种图像质量差异，以及参与评价的印刷样张数量大、参与评价的人员较多等特点，研究确定最合适的心里物理学实验方法。

⑥建立质量属性评价模型。以主观质量评价所提供的各个视觉质量属性评价结果为依据，根据客观质量检测所获得的各个质量指标值，合理选择数值分析方法建立质量指标与其质量属性之间的关系表达式，以达到使用该数学评价模型来预测和描述印刷整体质量的目的。同时通过实验来验证评价模型的有效性，应具有与视觉主观评价结果高度的相关性。

1.2.4　印刷防伪技术

在现实生活中，印刷品如证件、票据、商标等，无时无刻不在影响着人们的生活。随着技术的发展，假冒印刷品成为日益严峻的社会和经济问题。虽然出现了很多印刷防伪手段，但是由于高精度的彩色打印机、复印机及扫描仪的出现，盗版以及假证市场依然很猖獗。所以人们期待有一种高效且易普及的印刷防伪手段来保护各种印刷品的版权。

加网技术是再现连续调图像的最常见的基本方式，也是决定印刷品质量好坏的一项重要技术，在印刷领域已有 100 多年的历史，先后经历玻璃网屏加网、接触网屏加网，电子加网、数字加网等发展阶段，并形成了有理加网、无理加网、超细胞结构加网和调频加网等技术。利用加网技术防伪具有便宜、有效的特点，有研究推广的价值。

1852 年英国物理学塔布特（Taibot）成功地将连续调图像分解为由大小不同而各点密度均匀的网点组成的网目调图像，这标志着印刷史上一个重要的里程碑，这也是最初的加网技术。1880 年 3 月 4 日，第一张网目调图片在《纽约每日画报》上印刷成功。1891 年，艾维斯（Ives）发明了十字交叉的玻璃网屏，并在 19 世纪末用这样的网屏制成了高质量的网目调图像。大约在 1910 年，从原稿制作出网目调图像的技术基本上开发成功。加网技术也称为网目调技术，它利用像素图像来模拟连续色调的过程，利用人眼在明视距离内只能分辨 0.01mm 大小以上的物体这一特征，将连续调图像分解为网目调图像来进行印刷，得到符合视觉要求的印刷产品，是印刷史上一次历史性的飞跃。

人们在印刷品上研发了许多防伪方法，但是这些防伪方法只是在一定范围内起到了一定程度的防伪作用，而且产品的成本也在大幅度增加，所以人们更加渴望能有一种成本低廉的防伪方法。新型防伪印刷技术是国内外印刷行业的研究热点。对于嵌入基于伪随机信号调制的网点空间位置及网点形状的防伪印刷技术，在国内外尚未见到相关报道，但有一些相似的研究。其中典型的"基于印刷缺陷（龟纹）的防伪印刷技术"方面已达到实用化阶段，如德国高宝（KBA）公司的信息隐藏技术；还有 Ferenc Koltai 等人发明的"应用数字加网实现防伪的方法和设备"（美国专利：US6104812），提出与本课题相类似的基于网点大小和形状（主要指网格内有调幅网转变为调频网）的防伪信息加载技术；还有一些基于线条纹理和缩微文字的防伪印刷技术，如：Nicholas John Phillips 等人研究的一种"防伪印刷和扩散加网技术"（美国专利：US6674875B1）；香港科技大学傅明苏等人也提出了一种称为强度选择（IS）的印刷防伪算法，这种算法可以适用于现有的三种网目调图像数据隐藏算法；还有一种是用于基于 Visual 加密技术的网目调图像的数字水印技术等报道。

对于数字水印防伪技术，目前，美国、日本以及荷兰都已经开始研究用于票据防伪的数字水印技术。其中麻省理工大学学院媒体实验室受美国财政部委托，已经开始研究在彩色打印机、复印机输出的每幅图像中加入唯一的、不可见的数字水印，在需要时可以实时地从扫描票据中判断水印的有无，快速辨认真伪。红头文件、护照等印刷品中同样可以通过加入水印信息辨认真伪。

英国 Signum 公司将不可见的水印加入到打印出的包装和商标上，以阻止商标盗版，为有价值的或重要的文档提供隐蔽的安全性来阻止伪造、盗版和未授权的更改；瑞士 AlpVision 公司推出了 SafePaper 软件，专为打印文档设计安全产品，可嵌在 Microsoft Word 系列软件中，它将水印信息（如商标、专利、名字、金额等）隐藏到打印纸内，依此来证明该文档的真伪；美国 Digimar 公司通过在杂志广告、产品包装、目录甚至各类票据中隐藏不可见的数字水印，用户只要将这些传统媒体放在网络摄像机前，媒体桥技术就可以直接将用户带到与印刷图像的内容相关的网络站点，并在计算机上显示出产品的相关信息。

我国有关研究部门研究人员正在加紧数字水印印刷防伪技术的研究工作。大连理工大学研究的数字水印印刷防伪技术可以实现在印刷图像中加入数字水印，并可以通过扫描仪和专门软件完成印刷图像的中数字水印的自动检测；成都宇飞信息工程有限公司的印刷打印数字水印技术已得到商业化应用，并于 2004 年 4 月 1 日获得"国家科技型中小型企业创新基金"的资助。这标志着我国数字水印技术的研究已经进入实质性阶段，其研发与应用水印正逐步缩小与国际先进水印的差距。

周亮、李炳法等人提出一种基于空间域变换的图像数字水印算法的防伪印刷技术。该算法首先对二值图像进行置乱变换，再对数字图像信号进行分段处理，最后依据人眼视觉系统进行量化完成对水印信息的嵌入。该算法简单易用，但是由于算法是在空间域中嵌入水印，所以安全性和鲁棒性不高。牛少彰等人提出了一种基于网目调图像数据隐藏算法的印刷水印技术。该算法针对印刷打印中的网目调攻击，采用在DCT域中多次重复嵌入水印的方法，提取时候用隶属度来降低误检率，得到了较好的鲁棒性，并且能够抵抗打印扫描攻击。但是水印的容量太小，一般256像素×256像素的载体图像只能嵌入几十比特的水印。梁华庆等人提出一种基于数字水印的证件防伪技术。该算法通过对数字照片边界的RADON变换来矫正图像在打印扫描过程引入的几何攻击，以证件号码为种子，产生具有良好自相关特性的随即序列作为水印信号，为提高水印的鲁棒性，采用强度自适应的DCT系数局部调整法，将水印重复多次嵌入到图像的分块DCT中频系数中。该算法同样面临着水印嵌入量不大的问题，而且该算法不能抵抗裁切的攻击。

抗打印扫描数字水印的研究，一直没有实现水印的盲提取。牛少彰、伍洪涛等人在抗打印扫描数字水印算法的鲁棒性一文中，提出一种盲水印算法，通过研究打印扫描对变换域的影响的特点，对DCT变换后的系数进行了分类，通过分类后每一类中正负号的数量来表达水印信息，增强了算法的鲁棒性，并且实现了盲提取。但是，本算法载体图像还是灰度图像，并且对图像的频域系数修改太多，严重影响了载体图像的视觉质量。

孙刘杰、庄松林等人提出的加密全息水印技术，在抗打印扫描的同时，实现了水印的盲提取。通过印刷技术，可以将含加密全息水印的载体图像印制在证件等印刷品上，用于对印刷品的真实性进行检验，提高了印刷品的防伪能力。光学全息水印防伪技术具有制作方法简单、保密防伪性能强、制作成本低等特点，具有重要的实用价值。从应用角度出发，加密全息水印技术还需从以下方面进行研究：

①基于伪随机信号调制的网目调加网防伪方法。通过超细胞技术，用轮廓线的方法生成复杂的网点形状，把缩微文字或图标（商标）作为网点形状，达到肉眼无法辨析的效果以及复印扫描无法完整获得网点细节实现防伪目的。

通过计算彩色图像CMYK颜色空间各通道之间的相关性，和采用误差准则和搜索策略优化各通道的像素网点，进行高质量的彩色图像的网目调化。

②水印信息的同步。拍摄图片不能与含数字水印载体图片尺寸完全相同，必须通过剪切，裁剪出含数字水印的载体图像，实现图像同步，进而对含数字水印载体图像进行数字水印的提取。图片同步技术能够很好地实现剪切图片与载体图像像素的匹配，进行有效提取。在研究同步问题同时必须进行像素校准，像素灰度值校准，拍摄的图片由于拍摄距离、拍摄角度、拍摄光强、桶形包装的影响，图片会产生图像的翘曲、失真、旋转以及边缘模糊、像素缺失等问题。同时由于拍摄图片灰度值受到摄像装置A/D转换的影响，造成像素灰度值的失真。像素校准，像素灰度值校准算法的使用，能够扩展翘曲图片的边缘、校准像素失真、缺失造成的模糊，解决A/D转换造成的噪声干扰，为水印提取提供校准图片。

1.3 本教材的主要章节

本教材共分8章，第1章主要是对印刷图像处理进行概述，简述印刷成像技术过程，以及印刷图像处理的主要研究内容，并简述本教材的主要章节的内容。第 2 章主要讲叙数字图像处理的基础知识，包括数字图像处理的基本概念，基本图像处理和变换方法，如傅里叶变换、离散余弦变换、小波变换、其他正交变换等。第 3 章主要论述图像压缩编码方法，主要从图像存在的冗余，分析编码压缩方法，从无损压缩和有损压缩两个方面进行压缩方法的介绍，最后对文件的格式进行分析与举例。第 4 章重点介绍色彩模型及转换方法，首先介绍了色彩和色彩空间的基本概念，接着介绍常用的色彩模型如 RGB，CMYK，LAB，HIS，伪彩色图像和专色图像等处理和转换方法。第 5 章专题讨论灰度变换与色彩校正技术，在介绍阶调、色调等概念的基础上，进行灰度变换算法研究，对图像进行增强处理，进而对彩色图像各通道进行处理，达到色彩变换与校正的目的。第 6 章是介绍图像增强技术，主要从空间域和频率域两个角度，对图像进行平滑与锐化操作，如高斯滤波、中值滤波、均值滤波等。第 7 章介绍二值化与数字加网技术，主要介绍阈值法进行二值化技术，阈值可以通过直方图或计算的方法确定，重点介绍调频加网与调幅加网技术，最后对误差扩散法、模式抖动法和点扩散算法等三种算法进行分析与比较。第 8 章介绍数字水印技术，讲述数字水印的基本概念、数字水印特点和数字水印的模型，举例说明 LSB 水印技术、DCT 水印技术、全息水印技术和加密全息水印技术等。

第**2**章 数字图像处理基础

2.1 数字图像的基本知识

2.1.1 连续图像

光线照射在空间某一位置景物上时经过反射进入人眼形成一幅图。该图像是动态的、彩色的，可以看作是立体空间各位置点上光强度的集合，其数学表达式定义为：

$$P = f(x, y, z, \lambda, t) \tag{2-1}$$

式（2-1）中，(x, y, z) 是空间位置坐标，λ 表示光线波长，t 表示时间。当研究静态图像时，式（2-1）与 t 无关，可记为：

$$P = f(x, y, z, \lambda) \tag{2-2}$$

当研究单色图像时，只考虑光的能量，而不考虑其波长，式（2-1）可记为：

$$P = f(x, y, z, t) \tag{2-3}$$

当研究平面图像时，式（2-1）与坐标 z 无关，式（2-1）可记为：

$$P = f(x, y, \lambda, t) \tag{2-4}$$

因此，当研究静态、单色、平面图像时，式（2-1）可记为：

$$P = f(x, y) \tag{2-5}$$

因为彩色图像可以分为红（R），绿（G）和蓝（B）三基色，所以彩色图像函数是 R、G、B 三通道的叠加，可记为：

$$P_{color} = F(x, y) = [f_R(x, y), f_G(x, y), f_B(x, y)] \tag{2-6}$$

P 与 P_{color} 描述的都是连续图像，由无数个图像点组成，水平和垂直方向上灰度值的变化都是连续的，有无限多个可能的取值。

2.1.2 数字图像

连续图像转化为数字图像，必须将二维坐标系中无数个图像点进行离散化，同时将表示亮暗程度的数值也进行离散化。因此数字图像又称离散图像。离散化过程由采样、量化实现完成，最终生成的数字图像可由 M 行 N 列矩阵 I 表示：

$$I = \begin{bmatrix} f(0,0) & f(0,1) & \cdots\cdots & f(0,N-1) \\ f(1,0) & f(0,1) & \cdots\cdots & f(1,N-1) \\ \vdots & \vdots & \ddots & \vdots \\ \vdots & \vdots & \ddots & \vdots \\ f(M-1,0) & f(M-1,1) & \cdots\cdots & f(M-1,N-1) \end{bmatrix} \quad (2-7)$$

其中 M，N 为正整数，通常为 2 的整数次幂。

矩阵元素 $I(i,j)\, 0 \leqslant i \leqslant N-1$，$0 \leqslant j \leqslant M-1$ 称为图像元素简称像素。对应的像素值 $f(i,j)$ 为离散化的灰度级数值是一个正整数，取值范围是，$0 \leqslant f(i,j) \leqslant L-1$，$L=2^k(k\geqslant 0)$。$k$ 表示一幅数字图像可拥有的离散灰度级数。

2.2　图像采样

2.2.1　一维采样定理

一维连续信号函数可通过等间隔采样的方法得到相对应的离散信号函数。离散化过程是连续信号函数 $f(x)$ 与周期冲击函数 $s(x)$ 相乘，如图 2-1 所示。其中 $s(x)$ 称为采样函数，其周期 T 称为采样周期，$f_x=\dfrac{1}{T}$ 称为采样频率；输出函数 $f(h)$ 即为 $f(x)$ 经采样后的结果函数。

此图用数学式表达为：

$$f(n) = f(x)s(x) \quad (2-8)$$

$$s(x) = \sum_{n=-\infty}^{+\infty} \delta(x-nT) \quad (2-9)$$

将式（2-9）代入式（2-8）可得到：

$$f(n) = \sum_{n=-\infty}^{+\infty} f(x)\delta(x-nT) \quad (2-10)$$

$f(x)$、$s(x)$、$f(n)$ 的傅里叶变换分别记为 $F(u)$、$S(u)$、$F_s(u)$，其中：

$$S(u) = \frac{1}{T}\sum_{k=-\infty}^{+\infty} \delta(u-kf_s) \quad (2-11)$$

$$F_s(u) = F(u) \cdot S(u) = \frac{1}{T}\sum_{k=-\infty}^{+\infty} F(u-kf_s) \quad (2-12)$$

对式（2-12）进行分析，可以看出 $F_s(u)$ 是 $F(u)$ 在频域轴上的周期重现。要使采样后的数字信号能够保持原始信号信息，则必须满足奈奎斯特采样定理，即如果原始信号为频带宽度有限，当采样频率 f_s 不小于信号最高频率 f_{max} 的 2 倍时，采样之后的数字信号无混叠将完整保留原始信号信息；当采样频率 f_s 小于信号最高频率 f_{max} 的 2 倍时，采样之后的信号将产生混叠。图 2-2 所举图例就说明了这一采样定理。图 2-2（c）说明 $f_s \geqslant 2f_{max}$ 时，$F_s(u)$ 在 kf_s 频率点上精确重现原始信号的频谱仅在幅度上变为原始信号幅度的 $\dfrac{1}{T}$；当 $f_s < 2f_{max}$ 时，$F_s(u)$ 在 kf_s 频率点上出现混叠。

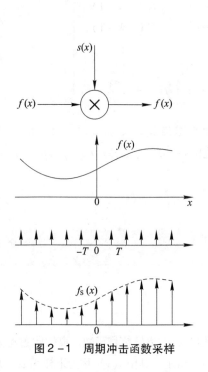

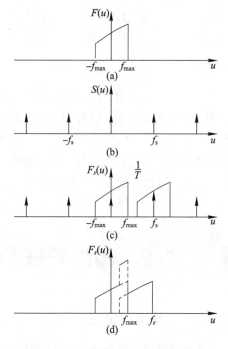

图2-1 周期冲击函数采样   图2-2 两种情况下采样结果函数的频谱

2.2.2 图像采样定理

二维图像采样为一维数字信号采样过程的扩展应用，是二维空间采样函数 $s(x, y)$ 与连续图像 $f(x, y)$ 相乘的结果，记作 $f_s(x, y)$。过程数学表达式见式（2-13）。

$$f_s(x, y) = f(x, y) s(x, y) \tag{2-13}$$

式（2-13）中，采样函数 $s(x, y)$ 定义式为：

$$s(x, y) = \sum_{m=-\infty}^{+\infty} \sum_{n=-\infty}^{+\infty} \delta(x - m\Delta x, y - n\Delta y) \tag{2-14}$$

式（2-14）中，$\delta(x, y)$ 为二维冲击函数，如图2-3所示，Δx、Δy 为空间域 x 轴、y 轴上的采样间隔。

$f(x, y)$、$s(x, y)$、$f_s(x, y)$ 的傅里叶变换分别记为 $F(u, v)$、$S(u, v)$、$F_s(u, v)$，其中：

$$
\begin{aligned}
S(u, v) &= F[s(x, y)] = F\Big[\sum_{m=-\infty}^{+\infty} \sum_{n=-\infty}^{+\infty} \delta(x - m\Delta x, y - n\Delta y)\Big] \\
&= \frac{1}{\Delta x} \frac{1}{\Delta y}\Big[\sum_{m=-\infty}^{+\infty} \sum_{n=-\infty}^{+\infty} \delta\Big(u - \frac{m}{\Delta x}, y - \frac{n}{\Delta y}\Big)\Big]
\end{aligned} \tag{2-15}
$$

$$
\begin{aligned}
F_s(u, v) &= F[f_s(x, y)] = F[f(x, y) s(x, y)] \\
&= F(u, v) * S(u, v) \\
&= F(u, v) * \frac{1}{\Delta x} \frac{1}{\Delta y} \sum_{m=-\infty}^{+\infty} \sum_{n=-\infty}^{+\infty} \delta\Big(u - \frac{m}{\Delta x}, v - \frac{n}{\Delta y}\Big) \\
&= \frac{1}{\Delta x} \frac{1}{\Delta y} \sum_{m=-\infty}^{+\infty} \sum_{n=-\infty}^{+\infty} F\Big(u - \frac{m}{\Delta x}, v - \frac{n}{\Delta y}\Big)
\end{aligned} \tag{2-16}
$$

式（2-16）说明 $F_s(u,v)$ 是 $F(u,v)$ 在频域轴上的周期重复再现，同一维信号奈奎斯特采样定理一样满足式（2-17），才能使二维采样信号不失真。其中 f_u，f_v 是图像限带信号在频域 u，v 轴上的最高频率。

$$\begin{cases} \dfrac{1}{\Delta x} \geq 2f_u \\ \dfrac{1}{\Delta y} \geq 2f_v \end{cases} \tag{2-17}$$

连续图像 $f(x,y)$ 在二维空间进行采样时，一般方法是对 $f(x,y)$ 进行均匀采样，具体实现步骤是：①首先设置图像的左小角处为坐标原点长宽为 x 轴、y 轴，分别在 x 轴、y 轴上确定采样间隔 Δx、Δy，则图像的采样点在 x 轴、y 轴上的坐标是 $x_i = m_i\Delta x$、$x_j = m_j\Delta y$（$i=1$，$2\cdots M$，$j=1$，$2\cdots N$），$f(x_i,y_j)$ 对应每个采样点的像素值。②在 y 轴方向由上到下的顺序按照采样间隔 Δy 抽取出 n_j 行水平方向上的一维连续像素信息。③在 x 轴方向上，在 n_j 行水平方向上的一维连续像素信息上按照采样间隔 Δy 进行采样，即可完成对连续图像 $f(x,y)$ 的离散化采样操作。

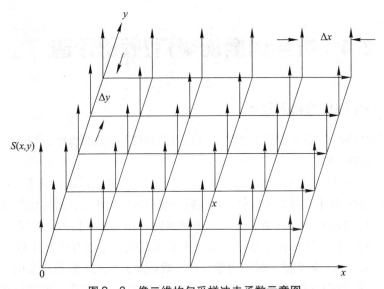

图2-3　像二维均匀采样冲击函数示意图

2.3　图像量化

模拟图像经过采样之后，在时空上离散化成一个个像素，其像素值依然是连续量，必须转成离散量才能便于计算机处理。这一转化过程称为图像量化，具体实现步骤是：将像素值的取值范围分成若干个区间，之后仅用一个数值来代表每个区间中的所有取值。量化过程中，量化值与实际值之间存在误差，这种误差称为量化误差或量化噪声。

根据量化区间的均匀性将图像量化方法分为两种：均匀量化和非均匀量化。均匀量化区间大小一致，非均匀量化区间大小不一致。当图像像素灰度值在黑白范围内比较均匀地

分布变化时，采用均匀量化可以得到较小的量化误差；当图像像素灰度值在黑白范围内分布变化剧烈时，采用非均匀量化，即对图像中像素灰度值频繁出现的灰度值范围，量化区间取得小一些；对像素灰度值较少出现的灰度值范围，量化区间取得大一些，以此减少量化误差。

图像经过采样与量化过后，所取得的行列采样点数与量化时每个像素量化的级数决定图像数据量的大小与数字图像的质量。对图像数据的影响：假定一幅图像经采样后得到 $M \times N$ 个采样点（M 为行上的采样点数，N 为列上的采样点数），每个像素量化后的灰度二进制位数为 k（即量化级数 $L = 2^k$），则存储该幅图像所需的字节数为：

$$B = \frac{M \times N \times L}{8} (\text{Byte}) \tag{2-18}$$

对图像质量的影响是：当量化级数 L 一定时，采样点 $M \times N$ 的个数越多，图像的质量越好；采样点个数越少，图像质量越差，图像将出现块状化。当采样点 $M \times N$ 的个数一定时，量化级数 L 越大，则图像质量越好越清晰；反之量化级数 L 越小，图像质量越差。

2.4 数字图像的输入/输出设备

2.4.1 数字图像的输入设备

数字化图像的输入设备类型很多，主要有数码照相机、数码摄像机、扫描仪等。

2.4.1.1 数码照相机

数码照相机又称数码相机，是集光学、机械、电子一体化的产品。其工作原理是：当拍照某一物体时，此物体上反射的光线射入镜头或者镜头组进入相机，通过成像元件 CCD（电子耦合组件）或者 CMOS（互补金属氧化物半导体）转化为数字信号，数字信号通过 MPU（微处理器）进行运算处理并将结果在显示屏中显示或储存于内存卡便于计算机通过 USB（通用串行总线）接口读取做进一步的图像处理。数码相机集成了影像信息的转换、存储和传输等部件，具有实时拍摄、数字化存取，可直接与计算机、打印机、电视机连接进行交互处理等特点。

目前数码相机的主要品牌有佳能、尼康、富士、索尼、三星、通用、明基、爱国者、松下、卡西欧、徕卡、宾得、奥林巴斯、理光等。

2.4.1.2 数码摄像机

数码摄像机要比数码照相机组成结构更为复杂，总体上主要由视频电路和音频电路两部分组成，包含光学系统、摄像器件、微音器（话筒或麦克风）、预放器、同步扫描系统、控制系统和彩色摄像机中特有的彩色编码器。其工作原理是：当拍摄一个物体时，此物体上反射的光线射入镜头或者镜头组进入摄像机，再通过成像元件 CCD（电子耦合组件）或者 CMOS（互补金属氧化物半导体）转化为数字信号并通过预放电路进行放大，再经过各种电路进行处理和调整，最后得到的标准信号可以送到存储卡或硬盘存储介质上记录下来，或通过传播系统传播或送到显示屏上进行显示；微音器同步把现场声音转化为电信号，利用音频放大电路将音频电信号放至足够大后输出或者送到存储卡或硬盘存储介质上与视频合并进行存储。数码摄像机与传统摄像机相比具有体积小、重量轻、影像清晰度高、色彩纯正、可进行无损复制等优点。

目前数码摄像机的主要品牌有索尼、佳能、JVC、松下、三洋、三星、爱国者、明基、通用、飞利浦、海尔、东芝、AEE、现代等。

2.4.1.3 扫描仪

扫描仪是利用光电技术和数字处理技术，以扫描方式将图形或图像信息转换为能够被计算机进行处理的数字信号的设备。其工作原理如下：扫描仪发出强光照射在扫描对象上，没有被扫描对象吸收的光线反射到光学感应器上生成电信号，经过模数（A/D）转换器将其转换成计算机能读取的数字信号，然后通过驱动程序转换成显示器上能看到的图像。照片、文本、图纸，甚至纺织品、标牌面板、印制板样品等都可进行扫描输入，目前扫描仪广泛应用于办公自动化、标牌面板、印刷行业。

扫描仪随着电子技术的进步而不断发展，主要有手持式扫描仪、滚筒式扫描仪、平台式扫描仪、大幅面扫描仪、胶片扫描仪、便携式扫描仪等。

2.4.2 数字图像的输出设备

数字化图像的输出设备类型很多，主要有显示器、投影显示设备、打印机等。

2.4.2.1 显示器

显示器也称为监视器，可以分为阴极射线管（Cathode Ray Tube，CRT）显示器、液晶显示器（Liquid Crystal Display，LCD）、等离子显示器（Plasma Display Panel，PDP）、有机电激发光二极管（Organic Light Emitting Diode，OLED）显示器等多种。街头随处可见的大屏幕、电视机、液晶拼接的荧光屏、手机等的显示屏都属于显示器的范畴。

阴极射线管（CRT）显示器与其他类型的显示器相比具有可视角度大、色彩还原度高、色度均匀、分辨率可调节、响应时间短、价格低等优点。它主要由电子枪（Electron Gun）、偏转线圈（Deflection coils）、荫罩（Shadow mask）、高压石墨电极、荧光粉涂层（Phosphor）和玻璃外壳这几部分组成。CRT 显示器的核心部件是 CRT 显像管，其工作原理是：显像管中的电子枪射出电子束，由垂直和水平的偏转线圈控制高速电子的偏转角度，使其穿过荫罩上的小孔照射在涂满荧光粉的玻璃层上，使得这些荧光粉发光，通过电压来调节电子束的功率在屏幕上形成明暗不同的光点以此最终形成图像。

液晶显示器（LCD）具有机身薄、重量轻、低能耗、无辐射、画面不闪烁等优点，已成为现在主流的显示设备。LCD 液晶显示器的工作原理：在显示器内部有很多液晶粒子，这些粒子是介于固态和液态间的有机化合物。它们有规律地排列成一定的形状，并且它们的每一面的颜色都不同，分为：红色，绿色，蓝色，这三原色能还原成任意其他颜色。当显示器收到电脑的显示数据时，电场控制液晶粒子发生排列上的变化从而影响通过其的光线变化，通过偏光片的作用表现为明暗的变化；同时液晶粒子也会转动到不同颜色的面从而组合成不同的颜色，以此显示彩色图像。

等离子显示器（PDP）是最新一代显示器，特点是厚度薄、色彩鲜艳、分辨率高。其工作原理类似普通日光灯和电视彩色成像：在显示屏上排列有上千密封的小低压气体室，通过电流激发使其发射紫外光，然后紫外光碰击后面玻璃上的红、绿、蓝三色荧光体发出肉眼能看到的可见光将其组合生成图像。等离子体显示器可轻易做到 40in 以上而厚度不到 100mm，

主要面向家庭影院和大屏幕需求的用户。

有机电激发光二极管（OLED）显示器主要用于手机、媒体播放器及游戏机、移动网络终端等中小尺寸面板显示产品中。有机发光显示技术由有机材料涂层和玻璃基板构成，其工作原理是：采用电流控制驱动方法，当有电荷通过时这些有机材料就会发光，亮度均取决于LED电流；有机发光层的材料决定发光的颜色，生产商可通过改变发光层的材料而得到所需的颜色。有机发光显示屏具有内置电子电路系统，因此对于有源阵列中的每个像素都由一个对应的电路独立进行驱动。OLED为自发光材料，具有视角范围大、响应速度快、画质均匀、色彩丰富、分辨率高、能耗低等优点。

2.4.2.2 投影显示设备

投影显示设备以大屏幕显示图像和信息为特征，由投影机和投影屏幕组成，分为正投和背投两大类。投影机主要通过三种显示技术实现：CRT投影技术、LCD投影技术、DLP（Digtal Light Procession）投影技术。其中DLP投影技术是近年来最新的发展技术，其工作原理是：影像信号经过数字处理，然后再把光投影出来进行成像。因此DLP投影机具有清晰度高、画面均匀，色彩锐利的特点，成为了业界新宠。

2.4.2.3 打印机

当前，打印机是数字图像主要的输出设备之一。按其工作方式分为点阵打印机、针式打印机、喷墨式打印机、激光打印机等。针式打印机通过打印机和纸张的物理接触来打印图像，具有极低的打印成本和很好的易用性等特点，但打印质量低、工作噪声大，无法适应高质量、高速度的图像打印，常用于银行、超市的票单打印；而后两种是通过喷射墨粉来完成图像的输出，是办公自动化中常见的设备配置。

此外还有热转印打印机和大幅面打印机，应用于印刷专业方面的打印机机型。热转印打印机是利用透明染料进行打印，它的特点是图像输出质量高，能够打印出接近于照片的连续色调的图片，用于印前及专业图像的打印输出。大幅面打印机的工作原理与喷墨打印机类似，但打印幅宽一般可达到24in(61cm)以上，远远大于一般喷墨打印机的打印幅度。大幅面打印机先前主要用于工程与建筑领域图纸打印，但随着其墨水耐久性的提高和图形解析度的增加，也开始被越来越多地应用于广告制作、大幅摄影、艺术写真和室内装潢等要求高保真图像的打印输出领域。

2.5 图像处理的基本变换

2.5.1 傅里叶变换

2.5.1.1 连续傅里叶变换

（1）一维连续傅里叶变换

如果$f(t)$是时间域一维变量t的函数，且满足狄里赫莱条件：

①具有有限个间断点；

②具有有限个极值点；

③绝对可积。

则一维函数 $f(t)$ 的傅里叶变换可以定义为：

$$F(u) = \int_{-\infty}^{+\infty} f(t) e^{-j2\pi ut} \mathrm{d}t \qquad (2-19)$$

式（2-19）中 $j = \sqrt{-1}$，u 为频率变量。

$F(u)$ 的反傅里叶变换可定义为：

$$f(t) = \int_{-\infty}^{+\infty} F(u) e^{j2\pi ut} \mathrm{d}u \qquad (2-20)$$

$f(t)$ 与 $F(u)$ 一一对应，称之为傅里叶变换对，可记作 $F(u) \Leftrightarrow f(t)$。$f(t)$ 的傅里叶变换 $F(u)$ 通常是一个复数，则 $F(u)$ 可以表示为：

$$F(u) = R(u) + jI(u) \qquad (2-21)$$

$R(u)$，$I(u)$ 分别是 $F(u)$ 的实部和虚部。$F(u)$ 还可以指数形式进行表示。

$$F(u) = |F(u)| e^{j\varphi(u)} \qquad (2-22)$$

$$|F(u)| = [R^2(u) + I^2(u)]^{\frac{1}{2}} \qquad (2-23)$$

$$\varphi(u) = \arctan \frac{I(u)}{R(u)} \qquad (2-24)$$

$|F(u)|$ 称作 $f(t)$ 的幅度谱，$|F(u)|^2$ 称作 $f(t)$ 的能量谱，$\varphi(u)$ 称作 $f(t)$ 的相位谱。$f(t)$ 的频谱由幅度谱 $|F(u)|$ 与相位谱 $\varphi(u)$ 构成。

（2）二维连续傅里叶变换

二维连续函数 $f(s,t)$ 的傅里叶变换 $F(u,v)$ 可定义为：

$$F(u, v) = \int_{-\infty}^{+\infty} f(s, t) e^{-j2\pi(us+vt)} \mathrm{d}s\mathrm{d}t \qquad (2-25)$$

$F(u, v)$ 的反变换可定义为：

$$f(s, t) = \int_{-\infty}^{+\infty} F(u, v) e^{j2\pi(us+vt)} \mathrm{d}u\mathrm{d}v \qquad (2-26)$$

$f(s, t)$ 与 $F(u, v)$ 一一对应，称之为傅里叶变换对，可记作 $F(u, v) \Leftrightarrow f(s, t)$。$F(u, v)$ 通常是一个复数，可以表示为：

$$F(u, v) = R(u, v) + jI(u, v) \qquad (2-27)$$

$R(u, v)$，$I(u, v)$ 分别是 $F(u, v)$ 的实部与虚部，$F(u, v)$ 还可以指数形式进行表示：

$$F(u, v) = |F(u, v)| e^{j\varphi(u, v)} \qquad (2-28)$$

$$|F(u, v)| = [R^2(u, v) + I^2(u, v)]^{\frac{1}{2}} \qquad (2-29)$$

$$\varphi(u,v) = \arctan \frac{I(u,v)}{R(u,v)} \qquad (2-30)$$

$|F(u, v)|$ 称作 $f(s, t)$ 的幅度谱，$|F(u, v)|^2$ 称作 $f(s, t)$ 的能量谱，$\varphi(u, v)$ 称作 $f(s, t)$ 的相位谱。

2.5.1.2 离散傅里叶变换

（1）一维离散傅里叶变换

设 $\{f(n)\}$ 是一长度为 N 的有限长序列，则其离散傅里叶变换可定义为：

$$F(u) = \sum_{n=0}^{N-1} f(n) e^{\frac{-j2\pi un}{N}} \qquad (2-31)$$

$F(u)$的傅里叶反变换可定义为：

$$f(n) = \frac{1}{N}\sum_{n=0}^{N-1} F(u)e^{\frac{j2\pi un}{N}} \tag{2-32}$$

（2）二维离散傅里叶变换

设$\{f(m)\}$，$\{f(n)\}$分别为长度为M，N的两个有限长序列，则二维离散傅里叶变换可定义为：

$$F(u,v) = \sum_{m=0}^{M-1}\sum_{n=0}^{N-1} f(m,n)e^{-j2\pi(\frac{um}{M}+\frac{vn}{N})} \tag{2-33}$$

其中$u = 0, 1, 2, \cdots\cdots M-1$；$v = 0, 1, 2, \cdots\cdots N-1$。

二维离散傅里叶反变换可定义为：

$$f(m,n) = \frac{1}{M}\frac{1}{N}\sum_{m=0}^{M-1}\sum_{n=0}^{N-1} F(u,v)e^{\left[j2\pi(\frac{um}{M}+\frac{vn}{N})\right]} \tag{2-34}$$

其中$m = 0, 1, 2, \cdots\cdots M-1$；$n = 0, 1, 2, \cdots\cdots N-1$。

$F(u,v)$与$f(m,n)$一一对应，称之为傅里叶变换对，可记作$F(u,v)\Leftrightarrow f(m,n)$。

在数字图像中，$f(m,n)$表示m行，n列的一个像素值为一实数，经过傅里叶变换后生成的$F(u,v)$则为一复数。$F(u,v)$可表示为：

$$F(u,v) = R(u,v) + jI(u,v) = |F(u,v)|e^{j\varphi(u,v)} \tag{2-35}$$

$$|F(u,v)| = [R^2(u,v) + I^2(u,v)]^{\frac{1}{2}} \tag{2-36}$$

$$\varphi(u,v) = \arctan\frac{I(u,v)}{R(u,v)} \tag{2-37}$$

$|F(u,v)|$称作$f(m,n)$的幅度谱，$|F(u,v)|^2$称作$f(m,n)$的能量谱，$\varphi(u,v)$称作$f(m,n)$的相位谱。

二维离散傅里叶变换具有如下性质。

①平均值。空间域二维离散函数$f(m,n)$的平均值定义为：

$$\bar{f}(m,n) = \frac{1}{MN}\sum_{m=0}^{M-1}\sum_{n=0}^{N-1} f(m,n) \tag{2-38}$$

$F(u,v)$是$f(m,n)$的傅里叶变换，当$u=0$，$v=0$时，根据二维离散傅里叶变换定义式可得：

$$F(0,0) = \sum_{m=0}^{M-1}\sum_{n=0}^{N-1} f(m,n) = (MN)\bar{f}(m,n) \tag{2-39}$$

这说明傅里叶变换$F(u,v)$在频率原点的值$F(0,0)$是空间域函数$f(m,n)$平均值的(MN)倍；若要求二维离散函数$f(m,n)$的平均值，只需求其傅里叶变换$F(u,v)$在原点值$F(0,0)$即可。

②周期性。空间域内二维离散函数$f(m,n)$和它所对应的傅里叶变换$F(u,v)$具有周期性，假设周期T即$M=N=T$，则有：

$$F(u,v) = F(u+pT, v+qT) \tag{2-40}$$

$$f(m,n) = f(m+pT, n+qT) \tag{2-41}$$

式中：p，$q = 0$，±1，±2，$\cdots\cdots$

现对式（2-40）进行证明：

将$u=u+pT$，$v=v+qT$代入式（2-33）则有：

$$F(u + pT, v + qT) = \sum_{m=0}^{T-1} \sum_{n=0}^{T-1} f(m, n) e^{-j2\pi\left[\frac{(u+pT)m}{T} + \frac{(v+qT)n}{T}\right]}$$

$$= \sum_{m=0}^{T-1} \sum_{n=0}^{T-1} f(m, n) e^{-j2\pi\left[\frac{um}{T} + \frac{vn}{T} + pm + qn\right]}$$

$$= \sum_{m=0}^{T-1} \sum_{n=0}^{T-1} f(m, n) e^{-j2\pi\left(\frac{um}{T} + \frac{vn}{T}\right)} e^{-j2\pi(pm+qn)}$$

当 p，q 是整数时，$e^{-j2\pi(pm+qn)} = 1$。

所以 $F(u, v) = F(u + pT, v + qT)$。

同理可证 $f(m, n) = f(m + pT, n + qT)$。

③对称共轭性。根据对称性，则有：

$$F(u + pT, v + qT) = F(u, v) = \sum_{m=0}^{M-1} \sum_{n=0}^{N-1} f(m, n) e^{-j2\pi\left(\frac{um}{M} + \frac{vn}{N}\right)}$$

$F(u + pT, v + qT)$ 的共轭 $F^*(u + pT, v + qT) = \sum_{m=0}^{M-1} \sum_{n=0}^{N-1} f(m, n) e^{j2\pi\left(\frac{um}{M} + \frac{vn}{N}\right)}$

所以可得到：

$$F(u, v) = F^*(-u, -v) \tag{2-42}$$

$$\left| F(u, v) \right| = \left| F^*(-u, -v) \right| \tag{2-43}$$

由此可见，$F(u, v)$ 的幅值是以原点为中心对称的。在求一个周期内的值时，只求解半个周期即可，后用该对称共轭特性能够快速得到另外半个周期值。同时利用周期特性可快速得到函数的整个频谱。

④平移性。如果 $F(u, v) \Leftrightarrow f(m, n)$，则有：

$$F(u - u_0, v - v_0) \Leftrightarrow f(m, n) e^{j2\pi\left(\frac{u_0 m}{M} + \frac{v_0 n}{N}\right)} \tag{2-44}$$

$$f(m - m_0, n - n_0) \Leftrightarrow F(u, v) e^{-j2\pi\left(\frac{um_0}{M} + \frac{vn_0}{N}\right)} \tag{2-45}$$

证明：

$$F(u - u_0, v - v_0) = \sum_{m=0}^{M-1} \sum_{n=0}^{N-1} f(m, n) e^{-j2\pi\left(\frac{u - u_0}{M} m + \frac{v - v_0}{N} n\right)}$$

$$= \sum_{m=0}^{M-1} \sum_{n=0}^{N-1} f(m, n) e^{-j2\pi\left(\frac{um}{M} + \frac{vn}{N}\right)} e^{j2\pi\left(\frac{u_0 m}{M} + \frac{v_0 n}{N}\right)}$$

$$= F(u, v) e^{j2\pi\left(\frac{u_0 m}{M} + \frac{v_0 n}{N}\right)}$$

又因为 $F(u, v) \Leftrightarrow f(m, n)$

所以 $F(u - u_0, v - v_0) \Leftrightarrow f(m, n) e^{j2\pi\left(\frac{u_0 m}{M} + \frac{v_0 n}{N}\right)}$

同理可证 $f(m - m_0, n - n_0) \Leftrightarrow F(u, v) e^{-j2\pi\left(\frac{um_0}{M} + \frac{vn_0}{N}\right)}$

(2-44)(2-45) 两式经常用于函数成像的平移：如果空间二维离散函数 $f(m, n)$ 原点坐标平移到 (m_0, n_0) 处时，则对应的傅里叶变换应为 $F(u, v)$ 乘以 $e^{-j2\pi\left(\frac{um_0}{M} + \frac{vn_0}{N}\right)}$；如果频域二维函数 $F(u, v)$ 的原点坐标平移到 (u_0, v_0) 处时，其对应的傅里叶反变换应为 $f(m, n)$ 乘以 $e^{j2\pi\left(\frac{u_0 m}{M} + \frac{v_0 n}{N}\right)}$。

⑤线性。如果 $F_1(u, v) \Leftrightarrow f_1(m, n)$，$F_2(u, v) \Leftrightarrow f_2(m, n)$，则有：

$$aF_1(u, v) + bF_2(u, v) \Leftrightarrow af_1(m, n) + bf_2(m, n) \tag{2-46}$$

其中，a，b 为常数。

⑥比例性。如果 $F_1(u, v) \Leftrightarrow f_1(m, n)$，$F_2(u, v) \Leftrightarrow f_2(m, n)$，则有：

$$\frac{1}{|ab|}F\left(\frac{u}{a}, \frac{v}{b}\right) \Leftrightarrow f(am, bn) \tag{2-47}$$

其中，a，b 为常数。

⑦旋转性。对 $f(m, n)$，$F(u, v)$ 的参数 m，n；u，v 进行极坐标化，即令：

$$\begin{cases} m = r\cos\theta \\ n = r\sin\theta \end{cases}, \begin{cases} u = W\cos\varphi \\ v = W\sin\varphi \end{cases} \tag{2-48}$$

则 $f(m, n)$，$F(u, v)$ 在极坐标下表示为 $f(r, \theta)$，$F(W, \varphi)$。

如果有 $f(m, n) \Leftrightarrow F(u, v)$，则在极坐标系下有：

$$f(r, \theta + \theta_0) \Leftrightarrow F(W, \varphi + \theta_0) \tag{2-49}$$

上式说明空间域函数 $f(m, n)$ 旋转 θ_0 角度，相应的其傅里叶变换 $F(u, v)$ 将在频域中旋转同样的 θ_0 角度；反之亦然。

⑧可分离性。如果 $f(m, n) \Leftrightarrow F(u, v)$，则有：

$$F(u, v) = F_m\{F_n[f(m, n)]\} = F_n\{F_m[f(m, n)]\} \tag{2-50}$$

$$f(m, n) = F^{-1}\{F^{-1}[F(u, v)]\} = F^{-1}\{F^{-1}[F(u, v)]\} \tag{2-51}$$

证明：

先对 $f(m, n)$ 沿坐标系纵轴进行一维离散傅里叶变换得到 $F(m, v)$：

$$F(m,v) = \frac{1}{N}\sum_{n=0}^{N-1}f(m,n)e^{\frac{-j2\pi vn}{N}}$$

再沿着横轴对 $F(m, v)$ 进行一维离散傅里叶变换，得到 $F(u, v)$：

$$F(u,v) = \frac{1}{M}\sum_{m=0}^{M-1}F(m,v)e^{\frac{-j2\pi um}{M}}$$

同理对 $f(m, n)$ 先沿横轴再沿纵轴方向进行离散傅里叶变换，结果与上述变换一致。可证明式（2-50）成立，用同样的方法可证明式（2-51）成立。

⑨卷积定理。如果 $f(m, n) \Leftrightarrow F(u, v)$，$g(m, n) \Leftrightarrow G(u, v)$，则有：

$$f(m, n) * g(m, n) \Leftrightarrow F(u, v)G(u, v) \tag{2-52}$$

$$f(m, n)g(m, n) \Leftrightarrow F(u, v) * G(u, v) \tag{2-53}$$

证明：

设 $f(m, n)$ 和 $g(m, n)$ 分别是在长为 A 和 C，宽为 B 和 D 矩形区域内的离散数组，假定在 x 轴和 y 轴方向上扩展它们成为周期 T_M 和 T_N 的数组且 $T_M \geq A + C - 1$，$T_N \geq B + D - 1$。

$f(m, n)$ 和 $g(m, n)$ 经周期延拓后变为：

$$f(m, n) = \begin{cases} f(m, n) & 0 \leq m \leq A-1, 0 \leq n \leq B-1 \\ 0 & A \leq m \leq M-1, 0 \leq n \leq N-1 \end{cases}$$

$$g(m, n) = \begin{cases} g(m, n) & 0 \leq m \leq C-1, 0 \leq n \leq D-1 \\ 0 & C \leq m \leq M-1, D \leq n \leq N-1 \end{cases}$$

二维离散卷积可定义为：

$$f(m,n) * g(m,n) = \sum_{m'=0}^{M-1}\sum_{n'=0}^{N-1}f(m',n')g(m-m',n-n') \tag{2-54}$$

式中 $m = 0, 1, \cdots M-1$，$n = 0, 1, \cdots N-1$。

$$F[f(m,n) * g(m,n)] = \sum_{m=0}^{M-1}\sum_{n=0}^{N-1}\left[\sum_{m'=0}^{M-1}\sum_{n'=0}^{N-1}f(m',n')g(m-m',n-n')\right]e^{-j2\pi\left(\frac{um}{M}+\frac{vn}{N}\right)} \tag{2-55}$$

令 $m'' = m - m'$，$n'' = n - n'$，则有 $m = m' + m''$，$n = n' + n''$代入式（2-55），则有：

$$F[f(m,n) * g(m,n)] = \sum_{m=0}^{M-1}\sum_{n=0}^{N-1}f(m',n')\sum_{m'=0}^{M-1}\sum_{n'=0}^{N-1}g(m'',n'')]e^{-j2\pi\left[\left(\frac{u(m'+m'')}{M} + \frac{v(n'+n'')}{N}\right)\right]}$$

$$= \sum_{m=0}^{M-1}\sum_{n=0}^{N-1}f(m',n')e^{-j2\pi\left(\frac{um'}{M}+\frac{vn'}{N}\right)}G(u,v)$$

$$= F(u,v)G(u,v)$$

可证式（2-52）成立，用同样的方法可证明式（2-53）成立。

（3）快速傅里叶变换

一维快速傅里叶变换

在式（2-31）中，一维离散傅里叶变换定义为：

$$F(u) = \sum_{n=0}^{N-1}f(n)e^{\frac{-j2\pi un}{N}} \qquad (u = 0,1,\cdots\cdots N-1)$$

令 $W_N = e^{\frac{-j2\pi}{N}}$，则有

$$F(u) = \sum_{n=0}^{N-1}f(n)W_N^{un} \qquad u,n = 0,1,\cdots\cdots N-1 \tag{2-56}$$

矩阵形式进行表示：

$$\begin{matrix} & n=0 & n=1 & & n=N-1 \end{matrix}$$

$$\begin{bmatrix} F(0) \\ F(1) \\ \vdots \\ F(N-1) \end{bmatrix} = \begin{bmatrix} W_N^{0\times0}, & W_N^{0\times1}, & \cdots, & W_N^{0\times(N-1)} \\ W_N^{1\times0}, & W_N^{1\times1}, & \cdots, & W_N^{1\times(N-1)} \\ \vdots & & & \\ W_N^{(N-1)\times0}, & W_N^{(N-1)\times1}, & \cdots, & W_N^{(N-1)\times(N-1)} \end{bmatrix}\begin{bmatrix} f(0) \\ f(1) \\ \vdots \\ f(N-1) \end{bmatrix} \tag{2-57}$$

其中 $W_N = e^{\frac{-j2\pi}{N}}$，$W_N$ 具有以下特性：

① $W_N^0 = W_N^{LN} = 1$，L 为正整数；

② $W_N^{\frac{N}{2}} = -1$；

③ 周期性：$W_N^{(un \pm LN)} = W_N^{u}$，$L$ 为正整数；

④ 对称性：$W_N^{(un \pm \frac{N}{2})} = -W_N^{un}$。

由 W_N^{un} 构成的矩阵称为 W 矩阵或系数矩阵。当 $N=4$ 时，系数矩阵可写为：

$$\begin{bmatrix} W_4^0, & W_4^0, & W_4^0, & W_4^0 \\ W_4^0, & W_4^1, & W_4^2, & W_4^3 \\ W_4^0, & W_4^2, & W_4^4, & W_4^6 \\ W_4^0, & W_4^3, & W_4^6, & W_4^9 \end{bmatrix} \tag{2-58}$$

因为 W_N^{un} 具有周期性（$W_N^{un \pm LN} = W_N^{un}$），所以 $W_4^0 = W_4^4$，$W_4^2 = W_4^6$，$W_4^1 = W_4^9$。

因为 W_N^{un} 具有对称性（$W_N^{un \pm \frac{N}{2}} = -W_N^{un}$），所以 $W_4^2 = -W_4^0$，$W_4^3 = -W_4^1$。

又因为 $W_N^0 = 1$，所以 $W_4^0 = 1$。$N=4$ 时的系数矩阵最终可写为：

$$\begin{bmatrix} 1, & 1, & 1, & 1 \\ 1, & W_4^1, & -1, & -W_4^1 \\ 1, & W_4^1, & 1, & -1 \\ 1, & -W_4^1, & -1, & W_4^1 \end{bmatrix} \tag{2-59}$$

由此可见，$N=4$ 时的系数矩阵只需 W_4^0，W_4^1 系数即可。

这说明利用 W_N^{un} 的特性，系数矩阵经过变换会有很多元素相同，而无须进行多次重复计算。尽管如此，利用变换后的矩阵去求解傅里叶变换中的每一个分量［即 $F(u)$，u 取某一整数值］时，仍需进行 N 次乘法和 $(N-1)$ 次加法，则完成整个傅里叶变换则需要 N^2 次乘法和 $N(N-1)$ 和次加法，计算量很大。

下面利用库利—图基（时间抽选法）将 $F(u)$ 分解成若干个子序列，并充分利用 W_N^{un} 特性简化运算过程，减少乘法运算。这就是快速傅里叶变换的思想。

设 $N=2^n$，则将 $f(n)$ 分成偶数部分 $f(2n')$ 和奇数部分 $f(2n'+1)$，其中 $n'=0$，1，2，$\cdots$，$\dfrac{N}{2}-1$。$f(n)$ 的傅里叶变换 $F(u)$ 可以写为：

$$F(u) = \sum_{n'=0}^{\frac{N}{2}-1} f(2n') W_N^{u2n'} + \sum_{n'=0}^{\frac{N}{2}-1} f(2n'+1) W_N^{u(2n'+1)} \qquad (2-60)$$

因为 W_N^{un} 具有周期性，即 $W_{2N}^{2un} = W_N^{un} = W_{\frac{N}{2}}^{un}$，

所以式（2-60）可以写为：

$$F(u) = \sum_{n'=0}^{\frac{N}{2}-1} f(2n') W_{\frac{N}{2}}^{un'} + \sum_{n'=0}^{\frac{N}{2}-1} f(2n'+1) W_{\frac{N}{2}}^{un'} W_N^u = F_e(u) + F_o(u) W_N^u \qquad (2-61)$$

其中，$F_e(u) = \sum_{n'=0}^{\frac{N}{2}-1} f(2n') W_{\frac{N}{2}}^{un'}$，$F_o(u) = \sum_{n'=0}^{\frac{N}{2}-1} f(2n'+1) W_{\frac{N}{2}}^{un'}$。

因为 W_N^{un} 具有周期性，所以 $W_N^{un+N} = W_N^{un}$ 　　$n=0$，1，2，$\cdots$，N。

因为 W_N^{un} 具有对称性，所以 $W_N^{un+\frac{N}{2}} = -W_N^{un}$ 　　$n=0$，1，2，$\cdots$，N。

$$F\left(u+\frac{N}{2}\right) = \sum_{n'=0}^{\frac{N}{2}-1} f(2n') W_{\frac{N}{2}}^{(u+\frac{N}{2})n'} + \sum_{n'=0}^{\frac{N}{2}-1} f(2n'+1) W_{\frac{N}{2}}^{(u+\frac{N}{2})n'} W_N^{(u+\frac{N}{2})}$$

$$= \sum_{n'=0}^{\frac{N}{2}-1} f(2n') W_{\frac{N}{2}}^{un'} + \sum_{n'=0}^{\frac{N}{2}-1} f(2n'+1) W_{\frac{N}{2}}^{un'} W_N^{(u+\frac{N}{2})}$$

$$= F_e(u) - F_o(u) W_N^u \qquad (2-62)$$

$N=8$ 时，其离散偶数项、奇数项子序列的周期长度为 4，根据式（2-62）则有：

$$\begin{cases} F(0) = F_e(0) + F_o(0) W_8^0 \\ F(1) = F_e(1) + F_o(1) W_8^1 \\ F(2) = F_e(2) + F_o(2) W_8^2 \\ F(3) = F_e(3) + F_o(3) W_8^3 \\ F(4) = F_e(0) - F_o(0) W_8^0 \\ F(5) = F_e(1) - F_o(1) W_8^1 \\ F(6) = F_e(2) - F_o(2) W_8^2 \\ F(7) = F_e(3) - F_o(3) W_8^3 \end{cases}$$

$F_e(u)$ 与 $F_o(u)$ 是两个以 4 个点为一周期短序列的离散傅里叶变换，根据式（2-62），这里 N=4，且 $W_{2N}^{2un} = W_N^{un}$。其离散偶数项、奇数项子序列的周期为 2。其中 $W_4^0 = W_8^0$，$W_4^1 = W_8^2$，则有：

$$\begin{cases} F_e(0) = F_{ee}(0) + F_{eo}(0)W_8^0 \\ F_e(1) = F_{ee}(1) + F_{eo}(1)W_8^2 \\ F_e(2) = F_{ee}(0) - F_{eo}(0)W_8^0 \\ F_e(3) = F_{ee}(1) - F_{eo}(1)W_8^2 \end{cases}$$

$$\begin{cases} F_o(0) = F_{oe}(0) + F_{oo}(0)W_8^0 \\ F_o(1) = F_{oe}(1) + F_{oo}(1)W_8^2 \\ F_o(2) = F_{oe}(0) - F_{oo}(0)W_8^0 \\ F_o(3) = F_{oe}(1) - F_{oo}(1)W_8^2 \end{cases}$$

$F_{ee}(u)$，$F_{eo}(u)$，$F_{oe}(u)$，$F_{oo}(u)$ 是 4 个以 2 个点为一周期短序列的离散傅里叶变换，其离散子序列（偶数项、奇数项序列）周期为 1。

$$\begin{cases} F_{ee}(0) = f(0) + f(4)W_8^0 \\ F_{ee}(1) = f(0) - f(4)W_8^0 \\ F_{eo}(0) = f(2) + f(6)W_8^0 \\ F_{eo}(1) = f(2) - f(6)W_8^0 \\ F_{oe}(0) = f(1) + f(5)W_8^0 \\ F_{oe}(1) = f(1) - f(5)W_8^0 \\ F_{oo}(0) = f(3) + f(7)W_8^0 \\ F_{oo}(1) = f(3) - f(7)W_8^0 \end{cases}$$

根据上述几式，绘制 8 点的 DFT 完整蝶形计算图如图 2-4 所示，DFT 分解框图如图 2-5 所示。

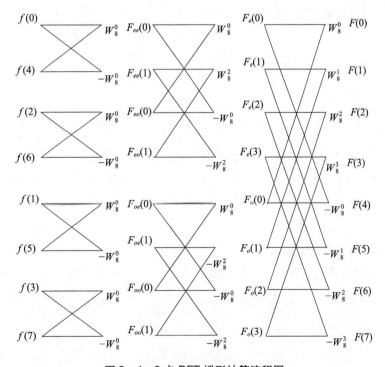

图 2-4 8 点 DFT 蝶形计算流程图

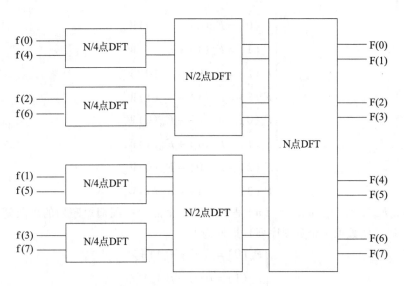

图2-5 N=8点 DFT 分解框图

2.5.2 离散余弦变换

用二维离散傅里叶变换对图像进行分析处理有诸多优点，应用十分广泛，但傅里叶变换需要计算复数而不是实数，在计算机处理过程中存在两个显著缺点：①内存占用大。②计算量大，收敛速度慢。

因此，需要探索各种不同的变换提高求解效率。离散余弦变换（Discrete cosine Transformation，DCT）就是其中一种在实数域内进行运算，在很多情况下可以代替傅里叶变换。

2.5.2.1 一维离散余弦变换

设 $\{f(n) \mid n = 0, 1, \cdots, N-1\}$ 为 N 时域点序列，则一维离散余弦变换可定义为：

$$D(u) = a(u) \sum_{n=0}^{N-1} f(n) \cos \frac{(2n+1)u\pi}{2N} \qquad (u = 0,1,\cdots,N-1) \qquad (2-63)$$

反余弦变换可定义为：

$$f(n) = \sum_{u=0}^{N-1} a(u) D(u) \cos \frac{(2n+1)u\pi}{2N} \qquad (n = 0,1,\cdots,N-1) \qquad (2-64)$$

式（2-63）、（2-64）中 $a(u) = \begin{cases} \sqrt{\dfrac{1}{N}}, & u = 0 \\ \sqrt{\dfrac{2}{N}}, & u \neq 0 \end{cases}$，$D(u)$ 为第 u 个余弦变换系数，u 为广义频率变量。

2.5.2.2 二维离散余弦变换

设 $f(m,n)$ 为时域 N 行 N 列的二维离散序列，则二维离散余弦变换为：

$$D(u,v) = a(u) \cdot a(v) \sum_{m=0}^{N-1} \sum_{n=0}^{N-1} f(m,n) \cos \frac{(2m+1) \cdot u\pi}{2N} \cdot \cos \frac{(2n+1) \cdot v\pi}{2N} \qquad (2-65)$$

二维离散余弦反变换定义为：

$$f(m,n) = a(u) \cdot a(v) \sum_{u=0}^{N-1} \sum_{v=0}^{N-1} D(u,v) \cos \frac{(2m+1)u\pi}{2N} \cos \frac{(2n+1)v\pi}{2N} \qquad (2-66)$$

30

式（2-65）、（2-66）中 $u,v=0,1,2,\cdots\cdots,N-1$，$m,n=0,1,2,\cdots\cdots,N-1$；$a(u)$，$a(v)$ 的定义同式（2-63）的 $a(u)=\begin{cases}\sqrt{1/N} & u=0 \\ \sqrt{2/N} & u\neq 0\end{cases}$。

2.5.2.3 快速离散余弦变换

基于离散余弦变换的定义式和欧拉公式进行推导变换，则有：

$$
\begin{aligned}
D(u) &= a(u)\sum_{n=0}^{N-1}f(n)\cos\frac{(2n+1)u\pi}{2N} \\
&= a(u)\,\mathrm{Re}\Big\{\sum_{n=0}^{N-1}f(n)e^{-j\frac{(2n+1)u\pi}{2N}}\Big\} \\
&= a(u)\,\mathrm{Re}\Big\{e^{\frac{-ju\pi}{2N}}\sum_{n=0}^{N-1}f(n)e^{-j\frac{2nu\pi}{2N}}\Big\} \\
&= a(u)\,\mathrm{Re}\Big\{W_N^{u/2}\sum_{n=0}^{N-1}f(n)\cdot W_N^{un}\Big\}
\end{aligned}
\tag{2-67}
$$

式（2-67）中 $w_N=e^{-j2\pi/N}$。

对照离散傅里叶变换式 $F(u)=\sum_{n=0}^{N-1}f(n)w^{un}$，发现余弦变换实质上是傅里叶变换的实部，为此，离散余弦变换可以利用快速离散傅里叶变换进行求解后取实部计算得到。

2.5.3 离散沃尔什—哈达玛变换

离散傅里叶变换和离散余弦变换在算法实现过程中需要用到复数乘法和三角函数乘法，运算复杂。而沃尔什变换和哈达玛变换矩阵中只有 +1 和 -1 两种元素。在计算沃尔什变换和哈达玛变换过程中只需进行加减法而无乘法，极大提高了运算速度具有一定的适用性。

2.5.3.1 离散沃尔什变换

（1）一维离散沃尔什变换

设 $f(n)$ 为一维离散序列，一维离散沃尔什正变换定义为：

$$
W(u)=\frac{1}{N}\sum_{n=0}^{N-1}f(n)\prod_{i=0}^{k-1}(-1)^{a_i(n)a_{k-1-i}(u)} \qquad (u=0,1,2,\cdots\cdots,N-1) \tag{2-68}
$$

反变换定义为：

$$
f(n)=\sum_{u=0}^{N-1}W(u)\prod_{i=0}^{k-1}(-1)^{a_i(n)a_{k-1-i}(u)} \qquad (n=0,1,2,\cdots\cdots,N-1) \tag{2-69}
$$

正变换核为：

$$
g(n,u)=\frac{1}{N}\prod_{i=0}^{k-1}(-1)^{a_i(n)a_{k-1-i}(u)} \tag{2-70}
$$

反变换核为：

$$
h(n,u)=\prod_{i=0}^{k-1}(-1)^{a_i(n)a_{k-1-i}(u)} \tag{2-71}
$$

上面4式中：$N=2^k$ 称为沃尔什变换的阶数；$a_l(z)$ 为 z 的二进制表示的第 l 位。例如：$N=8$，$k=3$，$z=5=(101)_2$，则 $b_0(z)=1$，$b_1(z)=0$，$b_2(z)=1$。

根据 $g(n,u)$，$h(n,u)$，的定义式，两者只相差一个系数 $\frac{1}{N}$。可见正变换的算法同样

适用于反变换，易于计算机编程求解。

矩阵表达式为：

$$\begin{cases} w = Af & \left(\text{忽略系数}\dfrac{1}{N}\right) \\ f = AW \end{cases} \tag{2-72}$$

A 成为离散沃尔什变换核矩阵，当 $N=4$ 时，$k=2$，$z_0=0$，$z_1=1$，$z_2=2$，根据式 (2-68) 可计算得到：

$$A_4 = \begin{bmatrix} 1 & 1 & 1 & 1 \\ 1 & 1 & -1 & -1 \\ 1 & -1 & 1 & -1 \\ 1 & -1 & -1 & 1 \end{bmatrix}$$

（2）二维离散沃尔什变换

二维离散沃尔什正反变换定义为：

$$W(u,v) = \frac{1}{N^2} \sum_{m=0}^{N-1} \sum_{n=0}^{N-1} f(m,n) \prod_{i=0}^{k-1} (-1)^{a_i(m)a_{k-1-i}(u)+a_i(n)a_{k-1-i}(v)}$$

$$u,v = 0,1,2,\cdots\cdots,N-1,\ N=2^k \tag{2-73}$$

$$f(m,n) = \sum_{u=0}^{N-1} \sum_{v=0}^{N-1} w(u,v) \prod_{i=0}^{k-1} (-1)^{a_i(m)a_{k-1-i}(u)+a_i(n)a_{k-1-i}(v)}$$

$$m,n = 0,1,2,\cdots\cdots,N-1,\ N=2^k \tag{2-74}$$

二维离散沃尔什正反变换分别定义为：

$$g(m,n,u,v) = \frac{1}{N^2} \prod_{i=0}^{k-1} (-1)^{a_i(m)a_{k-1-i}(u)+a_i(n)a_{k-1-i}(v)} \tag{2-75}$$

$$h(m,n,u,v) = \prod_{i=0}^{k-1} (-1)^{a_i(m)a_{k-1-i}(u)+a_i(n)a_{k-1-i}(v)} \tag{2-76}$$

二维离散沃尔什变换具有可分离性，即

$$g(m,n,u,v) = \left[\frac{1}{N} \prod_{i=0}^{k-1} (-1)^{a_i(m)a_{k-1-i}(u)} \right] \left[\frac{1}{N} \prod_{i=0}^{k-1} (-1)^{a_i(n)a_{k-1-i}(v)} \right]$$

$$= g'(m,u)g'(n,v) \tag{2-77}$$

同理，

$$h(m,n,u,v) = h'(m,u)\ h'(n,v) \tag{2-78}$$

因此，一个二维离散沃尔什变换可以通过一维的离散沃尔什变换分两步来完成实现。

2.5.3.2　离散哈达玛（Hadamard）变换

（1）一维离散哈达玛变换

设 $f(n)$ 为一维离散序列，一维离散哈达玛正反变换定义为：

正变换：

$$H(u) = \frac{1}{N} \sum_{n=0}^{N-1} f(n)(-1)^{\sum_{i=0}^{k-1} a_i(n)a_i(u)} \tag{2-79}$$

反变换：

$$f(u) = \sum_{u=0}^{N-1} H(u)(-1)^{\sum_{i=0}^{k-1} a_i(n)a_i(u)} \tag{2-80}$$

正变换核为：

$$g(n,u) = \frac{1}{N}(-1)\sum_{i=0}^{k-1} a_i(n)a_i(u) \tag{2-81}$$

反变换核为：

$$h(n,u) = (-1)\sum_{i=0}^{k-1} a_i(n)a_i(u) \tag{2-82}$$

式（2-79）、（2-80）、（2-81）、（2-82）中 $u = 0, 1, \cdots\cdots, N-1$，且 $N = 2^k$（称为哈达玛变换的阶数）；$a_l(z)$ 为 z 的二进制表示的第 l 位。

哈达玛变换核矩阵具有递推关系，即高阶矩阵可由低阶矩阵的克罗内克乘积求得。即

$$H_{2N} = H_2 \otimes H_N = \begin{bmatrix} 1 & 1 \\ 1 & -1 \end{bmatrix} \otimes H_N = \begin{bmatrix} H_N & H_N \\ H_N & -H_N \end{bmatrix}, \otimes 表示克罗内罗克乘积。$$

$N = 4$ 时，

$$
\begin{aligned}
H_4 &= H_2 \otimes H_2 \\
&= \begin{bmatrix} 1 & 1 \\ 1 & -1 \end{bmatrix}\begin{bmatrix} 1 & 1 \\ 1 & -1 \end{bmatrix} \\
&= \begin{bmatrix} 1\begin{bmatrix} 1 & 1 \\ 1 & -1 \end{bmatrix} & 1\begin{bmatrix} 1 & 1 \\ 1 & -1 \end{bmatrix} \\ 1\begin{bmatrix} 1 & 1 \\ 1 & -1 \end{bmatrix} & -1\begin{bmatrix} 1 & 1 \\ 1 & -1 \end{bmatrix} \end{bmatrix} \\
&= \begin{bmatrix} 1 & 1 & 1 & 1 \\ 1 & -1 & 1 & -1 \\ 1 & 1 & -1 & -1 \\ 1 & -1 & -1 & 1 \end{bmatrix}
\end{aligned}
$$

比较当 $N = 4$ 时的一维离散沃尔什变换核 A_4 和一维离散哈达玛变换 H_4，可以发现两者总体上是相等的，都只是包含 $+1$ 和 -1 两种元素的方阵，只是行与列的次序不同，所以将两者归于一类一并进行讨论分析；但因哈达玛变换矩阵具有递推关系，容易被计算机编程实现，所以人们更愿意采用哈达玛变换。

（2）二维离散哈达玛变换

设 $f(m, n)$ 为二位离散序列，二维离散哈达玛正反变换定义为：

正变换：

$$H(u,v) = \frac{1}{N}\sum_{m=0}^{N-1}\sum_{n=0}^{N-1} f(m,n)(-1)^{\sum_{i=0}^{k-1}[a_i(m)a_i(u)+a_i(n)a_i(v)]} \tag{2-83}$$

反变换：

$$f(m,n) = \frac{1}{N}\sum_{H=0}^{N-1}\sum_{V=0}^{N-1} H(u,v)(-1)^{\sum_{i=0}^{k-1}[a_i(m)a_i(u)+a_i(n)a_i(v)]} \tag{2-84}$$

二维离散哈达马正、反变换核分别为：

$$g(m,n,u,v) = \frac{1}{N}(-1)^{\sum_{i=0}^{k-1}[a_i(m)a_i(u)+a_i(n)a_i(v)]} \tag{2-85}$$

$$h(m,n,u,v) = \frac{1}{N}(-1)^{\sum_{i=0}^{k-1}[a_i(m)a_i(u)+a_i(n)a_i(v)]} \tag{2-86}$$

由上面两式可推导出：

$$g(m, n, u, v) = g_1(m, u)\ g_2(n, v) \qquad (2-87)$$

$$h(m, n, u, v) = h_1(m, u)\ h_2(n, v) \qquad (2-88)$$

即二维离散哈达玛变换核是可分离的。因此，一个二维离散哈达玛变换可以经过两次一维离散的哈达玛变换来完成。

2.5.4　$K-L$ 变换

$K-L$ 变换首先由 H. Kar – humen 和 Leoeve 等人提出，用于处理随机过程中连续信号的去相关性问题；随后 Hotelling 基于变换向量的统计特性提出了一种用于处理随机过程中离散信号去相关性问题的线性变换，也称为"主分量分析法"PCA。因此该种变换又可称为 $K-L$ 变换、Hotelling 变换、特征向量变换或主分量变换，已被广泛应用于数据压缩、图像旋转、统计图像识别等领域。

如果一幅 $N \times N$ 的数字图像 $f(m, n)$ 在传递中传递了 k 次，由于受到各种因素的随机干扰影响，最终接收到的图像实质上是一个由 K 帧（受噪声干扰）图像的组成图像集合：$\{f_1(m, n), f_2(m, n) \cdots f_K(m, n)\}$。

对于图像集合中的每一个 $f_i(m, n)$ 可以用堆叠方式表达成 N^2 维向量 M_i，即

$$M_i = \begin{bmatrix} f_i(0, 0) \\ f_i(0, 1) \\ \vdots \\ f_i(0, N-1) \\ f_i(1, 0) \\ f_i(1, 1) \\ \vdots \\ f_i(1, N-1) \\ \vdots \\ f_i(N-1, 0) \\ \vdots \\ f_i(N-1, N-1) \end{bmatrix}$$

向量 M 的协方差的矩阵定义为

$$C_f = E\left[(M - m_f)\ (M - m_f)^{\mathrm{T}}\right] \qquad (2-89)$$

式中 $E\left[(M - m_f)\ (M - m_f)^{\mathrm{T}}\right]$ 为求期望；T 为矩阵转置；$m_f = E[M]$

对于 K 帧数字图像：

$$m_f = E[M] = \frac{1}{k}\sum_{i=1}^{k} M_i \qquad (2-90)$$

$$C_f = E[(M - m_f)(M - m_f)^{\mathrm{T}}] \approx \frac{1}{k}\sum_{i=1}^{k}(M_i - m_f)(M_i - m_f)^{\mathrm{T}}$$
$$\approx \frac{1}{k}\sum_{i=1}^{k} M_i M_i^{\mathrm{T}} - m_f m_f^{\mathrm{T}} \qquad (2-91)$$

由此可知，m_f 是一个具有 N^2 个元素的向量，C_f 是一个 $N^2 \times N^2$ 的方阵，则具有 N^2 个特征值 λ_i，对其排序使得 $\lambda_1 \geqslant \lambda_2 \geqslant \cdots \geqslant \lambda_{N^2}$。$r_i = [r_{i1}, r_{i2}, \cdots r_{iN^2}]$ $(i = 1, 2, \cdots N^2)$ 是协方

差矩阵的特征向量，则 $K-L$ 变换矩阵 R 定义为：

$$r_1 = \begin{bmatrix} r_{11} & r_{12} & \cdots & r_{1N^2} \\ r_{21} & r_{22} & \cdots & r_{2N^2} \\ \vdots & \vdots & \cdots & \vdots \\ r_{N^21} & r_{N^22} & \cdots & r_{N^2N^2} \end{bmatrix} \qquad (2-92)$$

$K-L$ 变化表达式可定义为：

$$H = R(M - m_f) \qquad (2-93)$$

式（2-93）中 $M - m_f$ 是原始图像向量 M 减去平均值 m_f，R 是 $N^2 \times N^2$ 的变换核矩阵。

$K-L$ 的反变换定义为：

$$M = R^{-1} + m_f \qquad (2-94)$$

$K-L$ 变换的性质

①变换后的图像向量 H 的平均值向量 $m_H = 0$。

证明：

$$m_H = E(H) = E[R(M-m_f)] = RE[M] - Rm_f = 0$$

②变换后的图像向量 H 的协方差矩阵为 $C_H = RC_fR^T$。

证明：

$$C_H = E[(H-m_H)(H-m_H)^T] = HH^T$$

将 $H = R(M-m_f)$ 代入上式

$$\begin{aligned} C_H &= [(RM - Rm_f)(RM - Rm_f)^T] \\ &= E[R(M-m_f)(M-m_f)^T R^T] \\ &= RE[(M-m_f)(M-m_f)^T]R^T \\ &= RC_fR^T \end{aligned}$$

③协方差矩阵 C_H 是对角矩阵，且对角线上的元素值等于 C_f 的特征值 λ_i，$i = 1, 2, \cdots\cdots$ N^2，即：

$$C_H = \begin{bmatrix} \lambda_1 & & & & & \\ & \lambda_2 & & & & 0 \\ & & \ddots & & & \\ & & & \lambda_v & & \\ & 0 & & & \ddots & \\ & & & & & \lambda_{N^2} \end{bmatrix}$$

观察上式，C_H 非对角线上的元素均为 0，说明变换后 H 的像素是彼此不相关的。因此，$K-L$ 变换消除了原始图像元素之间的相关性。

2.5.5 小波变换

小波变换是一种新兴的数学分支，集泛函数、傅里叶分析、调和分析、数值分析于一身。此种变换具有良好的时频局部化特性，能够有效地从信号中提取信息，通过伸缩和平移等运算功能对函数或信号进行多尺度细化分析，可以更好地解决傅里叶分析的困难问题。小波变换被认为是继傅里叶分析之后的又一有效的时频分析方法，在信号分析、图像处理、语

音合成、计算机视觉、地震勘探等领域得到了广泛应用。

2.5.5.1　一维小波变换

（1）一维连续小波变换

设函数 $f(t) \in L^2(R)$，a，$\tau \in R$ 且 $a \neq 0$，则 $f(t)$ 的一维连续小波变换定义为：

$$W_f(a, \tau) = \int_{-\infty}^{+\infty} f(t)\psi_{a,\tau}(t)\mathrm{d}t \qquad (2-95)$$

如果 $\psi_{a,\tau}(t)$ 是复变函数时，式（2-95）中 $\psi_{a,\tau}(t)$ 应采用复共轭函数 $\psi^*_{a,\tau}(t)$。

$$\psi_{a,\tau}(t) = \frac{1}{\sqrt{|a|}}\psi\left(\frac{t-\tau}{a}\right) \qquad (2-96)$$

将式（2-96）代入式（2-95），得到下式：

$$W_f(a,\tau) = \frac{1}{\sqrt{|a|}}\int_{-\infty}^{+\infty} f(t)\psi_{a,\tau}\left(\frac{t-\tau}{a}\right)\mathrm{d}t \qquad (2-97)$$

$\psi_{a,\tau}(t)$ 随着参数 a，τ 的变化而变化，称为参数 a，τ 的小波基函数。因为 a，τ 是连续变化的，所以 $\psi_{a,\tau}(t)$ 又称为连续小波基函数。其中 a 值决定小波基函数的缩放大小称为尺度参数，τ 值决定小波基函数的平移位置称为平移参数。当 $a>1$ 时，$\psi_{a,\tau}(t)$ 进行伸展；当 $a<1$ 时，$\psi_{a,\tau}(t)$ 进行压缩。a 值越小小波越窄能够反映信号的细节变化，但 $\psi_{a,\tau}(w)$ 的频率越高。

（2）一维离散小波变换

在实际应用中为便于计算机运算，必须将连续小波离散化即将尺度参数 a 和平移参数 τ 分别取做：

$$a = a_0^i，\quad \tau = ka_0^i\tau_0 \qquad (2-98)$$

其中 i，$k \in \mathbb{Z}$，$a_0 > 1$ 且和 b_0 是两个正整数。将式（2-98）代入式（2-96），得到离散小波函数：

$$\psi_{i,k}(t) = a_0^{-\frac{i}{2}}\psi\left(\frac{t-ka_0 b_0}{a_0}\right) = a_0^{-\frac{i}{2}}\psi\left(a_0^{-it} - kb_0\right) \qquad (2-99)$$

则一维离散小波正变换可写为：

$$W_f(i,k) = \int_{-\infty}^{+\infty} f(t)\psi_{i,k}(t)\mathrm{d}t \qquad (2-100)$$

如果 $\psi_{i,k}(t)$ 是复变函数时，式（2-100）中 $\psi_{i,k}(t)$ 应采用复共轭函数 $\psi^*_{i,k}(t)$。

一维离散小波反变换可定义为：

$$f(t) = C\sum_{i=-\infty}^{+\infty}\sum_{k=-\infty}^{+\infty} W_f(i,k)\psi_{i,k}(t) \qquad (2-101)$$

其中 C 是一个与信号无关的常数。

2.5.5.2　二维小波变换

二维连续小波变换可定义为：

$$W_f(a, g, h) = \int_{-\infty}^{+\infty}\int_{-\infty}^{+\infty} f(4m, n)\ a^{-1}\psi_{a,g,h}(m, n)\mathrm{d}m\mathrm{d}n \qquad (2-102)$$

其中 $f(m, n) \in L^2(R^2)$，a，g，$h \in R$，$a \neq 0$，g，h，是基本小波在两个维度上的平移参数。$\psi_{a,g,h}(m, n)$ 应写为：

$$\psi_{a,g,h}(m,\ n) = \psi\left(\frac{m-g}{a}, \frac{n-h}{a}\right) \tag{2-103}$$

$\psi_{a,g,h}(m,\ n)$ 必须满足条件:

$$\int_{-\infty}^{+\infty} \psi(m,\ n)\mathrm{d}m\mathrm{d}n = 0 \tag{2-104}$$

二维连续小波反变换定义为:

$$f(m,\ n) = \frac{1}{D_\psi}\int_{-\infty}^{+\infty}\int_{-\infty}^{+\infty}\int_{-\infty}^{+\infty} a^{-3} W_f(a,\ g,\ h)\psi_{a,g,h}(m,\ n)\mathrm{d}a\mathrm{d}g\mathrm{d}n \tag{2-105}$$

将式(2-105)中的参数 a, g, h 离散化: $a = 2^r$, $g = pa$, $h = qa$, r, p, $q \in \mathbb{Z}$ 且不等于 0,则得到二维离散小波变化:

$$W_f(r,\ p,\ q) = 2^{-r}\int_{-\infty}^{+\infty}\int_{-\infty}^{+\infty} f(m,\ n)\psi(2^{-j}m - p,\ 2^{-j}n - q)\mathrm{d}m\mathrm{d}n \tag{2-106}$$

截至目前,我们对小波变换做了概要介绍,便于读者学习了解。但如果想对其进行深入研究与应用,还需读者查阅更为详细的资料。

第3章 数字图像压缩与编码

数字图像的数据量往往很庞大，例如一张 A4（$210\text{mm} \times 297\text{mm}$）幅面的 RGB 图片，分辨率为 300dpi，则图片大小为 25Mbytes。一幅分辨率 640×480 的彩色图像以 30f/s 的速度来播放，则每秒的数据量 $640 \times 480 \times 24 \times 30 = 221\text{Mbit}$，需要 221Mbps 的通信回路。随着数字化时代的到来，尤其是数字视频的需求增长迅速，庞大的数据量造成了通信中资源的浪费、时间的消耗以及硬件的压力。因此，如何解决图像和视频信号数字化后的数据压缩问题，在保证图像质量的前提下，用最少量的数据实现图像和视频信息的存储、记录和传输，是图像压缩研究的主要内容。

3.1 数据冗余

假设 n_1，n_2 代表两个表示相同信息的数据集合中所携带的信息数量，通常用 C_R 表示压缩率，定义为

$$C_R = n_1/n_2 \qquad (3-1)$$

若 $n_1 = n_2$，$C_R = 1$，表示信息的第一种表达方式相对于第二种表达方式，不包含冗余数据；

若 $n_1 \gg n_2$，$C_R \to \infty$，表示信息的第一种表达方式相对于第二种表达方式，包含显著的冗余数据；

若 $n_1 \ll n_2$，$C_R \to 0$，表示信息的第二种表达方式相对于第一种表达方式，数据量扩展明显，压缩不理想。

用 R_D 表示冗余度，可以定义为

$$R_D = 1 - 1/C_R \qquad (3-2)$$

数字图像压缩中，有三种基本的数据冗余：编码冗余、像素间冗余和心理视觉冗余。

3.1.1 编码冗余

对于不同的灰度，都用同样长度的比特表示，这样会造成冗余。若将出现概率大的灰度级用长度较短的码表示，出现概率小的灰度级用长度较长的码表示，则有可能使编码总长度下降。这也是行程编码和霍夫曼编码的基本原理。

3.1.2 像素间冗余

图像相邻各点的取值往往相近或相同，具有空间相关性或时间相关性，这就构成了像素间冗余。消除像素间的冗余，一般采用通过像素之间的差异来描绘图像，以达到减少数据量的目的。

3.1.3 心理视觉冗余

在正常的视觉处理过程中，各种信息的重要程度不同，那些相对不十分重要的信息称为心理视觉冗余。人眼的生理结构决定人在对颜色的识别过程中，对于相近的颜色无法区分，例如对于两个像素，RGB 值分别为（248，27，4）和（251，32，15），虽然像素灰度值不同，但人眼无法区分，则认为存在心理视觉冗余，可以将信息简化为两个相同值，均为（248，27，4），则信息也被简化了。

3.1.4 无损压缩和有损压缩

压缩可分为两大类，第一类压缩过程是可逆的，也就是说，从压缩后的图像能够完全恢复出原来的图像，信息没有任何丢失，称为无损压缩；第二类压缩过程是不可逆的，无法完全恢复出原图像，信息有一定的丢失，称为有损压缩。

3.2 数字图像压缩模型

一个图像压缩系统包括两个不同的结构块：一个编码器和一个解码器。图像 $f(x, y)$ 输入到编码器中，这个编码器可以根据输入数据生成一组符号。在通过信道进行传输之后，将经过编码的表达符号送入解码器，经过重构就生成了输出图像 $\hat{f}(x, y)$。$\hat{f}(x, y)$ 与 $f(x, y)$ 可能信息一致，也可能信息不一致，即在图像重建中出现失真。

如图 3-1 所示的编码器和解码器都包含两个彼此相关的函数或子块。编码器由一个消除输入冗余的信源编码器和一个用于增强信源编码器输出的噪声抗扰性的信道编码器构成。如果编码器和解码器之间的信道是无噪声的（趋向于无误差），则信道编码器和信道解码器可以略去。

图 3-1 一个常用的图像压缩系统模型

3.2.1 信源编码器和信源解码器

信源编码器的主要任务是减少或消除数据冗余，也就说根据特定的应用和保真度的要求，给出最佳的编码方法。通常，这种方法可以通过三种独立的操作建立模型，如图 3-2

（a）所示，每种操作的目的是减少一种数据冗余。图 3 - 2（b）描述了对应的信源解码器。

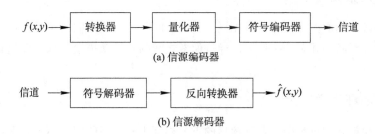

图 3 - 2　信源编码器和信源解码器模型

在信源编码处理的第一阶段，转换器将输入数据转换为可以减少输入图像中像素间冗余的格式，这一步操作通常是可逆的。在第二阶段量化器模块中，将转换程序的输出精度调整到与预设的保真度准则相一致，这一步减少了输入图像的心理视觉冗余。如果希望是无损压缩，这一步必须略去。在第三阶段，符号编码器生成一个固定的或可变长编码，用于表示量化器输出并将输出转换为与编码相一致。

信源解码器仅包含两部分：一个符号解码器和一个反向转换器。这些模块的运行次序与信源编码器的符号编码器和转换模块的操作次序相反。

3.2.2　信道编码器和解码器

当信道带有噪声或易于出现错误时，信道编码器和解码器就在整个编码解码处理中扮演了重要的角色。信道编码器和解码器通过向信源编码器数据中加入预制的冗余数据来减少信道噪声的影响。最常用的一种信道编码技术是汉明（Hamming）编码。

3.2.3　图像编码算法分类

图像数据压缩编码技术分类方法有多种，根据编码对象不同，可分为静止图像编码、活动图像编码、传真文件编码；二值图像编码、灰度图像编码和彩色图像编码等。根据压缩过程有无信息损失，可分为有损编码和无损编码。最常见的分类方法是按照算法的原理进行分类，图像编码算法分类见表 3 - 1。

表 3 - 1　图像编码算法分类

	预测编码	差分脉冲编码调制（DPCM）
		增量调制（ΔM）
图像编码算法	变换编码	傅里叶变换（DFT）
		沃尔什 - 哈达玛变换（WHT）
		哈尔变换（HRT）
		斜变换（SLT）
		离散余弦变换（DCT）
		K - L 变换

续表

		哈夫曼编码（Huffman）
图像编码算法	熵编码	算术编码
		行程编码
		线性编码
		对数编码
	内插法	低取样率法
		亚取样法
		亚行法
		亚场法
	运动补偿法	运动补偿内插法
		位移估值法
	其他方法	矢量量化法
		模型基法
		轮廓编码法

3.3 数字图像压缩方法

数字图像压缩常用的方法有熵编码、预测编码、变换编码等。

3.3.1 熵编码概念及基本原理

3.3.1.1 图像熵 H

设图像像素灰度级集合为$(w_1, w_2, w_3, \cdots, w_k, \cdots w_M)$，其对应的概率分别为$[P(w_1), P(w_2), P(w_3), \cdots, P(w_k), \cdots P(w_M)]$，则数字图像的熵 H 为：

$$H = -\sum_{k=1}^{M} P(w_k)\log_2 P(w_k) \qquad (3-3)$$

由此可见，图像熵 H 是表示各个灰度级比特数的统计平均值。

3.3.1.2 平均码字长度 R

设 B_k 为数字图像第 k 个码字 C_k 的长度（单位为 bit），其相应出现的概率 P_k，则该数字图像所赋予的码字长度 R（单位为 bit）可表示为：

$$R = \sum_{k=1}^{m} B_k P_k \qquad (3-4)$$

3.3.1.3 编码效率 η

在一般情况下，编码效率往往用下列简单公式表示：

$$\eta = H/R \qquad (3-5)$$

式中 H——信源熵；

R——平均码字长度。

熵编码的原理就是使编码后的图像平均码字长度 R 尽可能接近图像熵 H。常用的行程编码、哈夫曼编码、LZW 编码等都是基于这个编码原理实现的数据压缩。下面就分别介绍这几种编码方法。

（1）行程编码（RLC）

行程编码，又称游程长度编码（Run Length Coding，RLC）。对二值图像从每一扫描行来看，总是由若干段连着的黑像素和连着的白像素组成，分别称其为"黑长"和"白长"。黑长和白长总是交替发生，对于不同长度按照发生概率分配以不同长度码字，这就是行程编码的基本概念，它是把具有相同灰度值（颜色值）的一些像素序列称为一个行程。

行程编码是通过改变图像的描述方式来实现压缩，将一行中颜色值相同的相邻像素用一个计数值和该颜色值来代替，从而减少数据量。例如在传真件中一般都是白色比较多，而黑色相对比较少，所以可能常常会出现如下的情况，需要传递的信息为：

600w   3b   100w   12b   4w   3b   200w

因为 512＜600＜1024，所以计数值必须用 10bit（9bit 表示数据，1bit 表示黑 b 或者白 w）来表示，所以上面的信息编码所需用的字节数为 $10 \times 7 = 70$bit。对传递的信息进行分析，白色多，黑色少，因此我们可以设定，白色占 10bit，黑色占 4bit，所需字节数为 $4 \times 10 + 3 \times 4 = 52$bit，比原来的方式减少了 18bit。

（2）哈夫曼编码（Huffman）

哈夫曼编码方法（Huffman）的理论基础是变长最佳编码定理。该定理说明，在变长编码中，对出现概率大的信息符号赋予短码字，而对于出现概率小的信息符号赋予长码字。如果码字长度严格按照所对应符号出现概率大小逆序排列，则编码结果平均码字长度一定小于任何其他排列方式。

下面给出具体的 Huffman 编码算法：

①首先统计出每个符号出现的频率。

②从左到右把上述频率按从小到大的顺序排列。

③每一次选出最小的两个值，作为二叉树的两个叶子节点，将和作为它们的根节点，这两个叶子节点不再参与比较，新的根节点参与比较。

④重复 3，直到最后得到和为 1 的根节点。

⑤将形成的二叉树的左节点标 0，右节点标 1。把从最上面的根节点到最下面的叶子节点途中遇到的 0，1 序列串起来，就得到了各个符号的编码。

例：需要传递的信息为 abffcacabaffeebdeefeff，若每一个字母代表的信息占用 8bit，则数据量为 $22 \times 8 = 176$ bit。根据 Huffman 编码思想，统计每个符号出现的概率，见表 3 – 2。

表 3 – 2   Huffman 编码算例中符号及出现的概率

符号	出现的概率
a	4/22
b	3/22

续表

符号	出现的概率
c	2/22
d	1/22
e	5/22
f	7/22

根据 Huffman 编码算法过程，对算例进行编码，具体过程如图 3-3 所示（为绘图简单，将二叉树结构做了修改）。

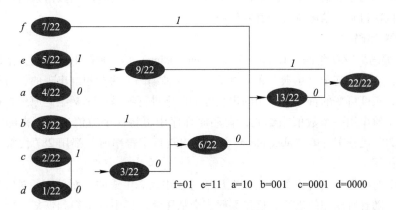

图 3-3 Huffman 编码实例过程

经过 Huffman 编码后，a、b、c、d、e、f 对应的位数分别为 2、3、4、4、2、2，则压缩后的数据量为 $7 \times 2 + 5 \times 2 + 4 \times 2 + 3 \times 3 + 2 \times 4 + 1 \times 4 = 53$ bits），平均码长 $R = 53/22 = 2.41$（比特/字符），压缩比为 $176/53 = 3.32 : 1$。

（3）算术编码

算术编码的思想是用 0 到 1 的线段上的一个区间来定义一个信源符号（或消息）序列的算术码字，该算法思想主要是解决哈夫曼编码无法解决的问题。假定一个字符出现的概率为 0.8，该字符事实上只需要 $-\log_2(0.8) = 0.322$ 位编码，但哈夫曼编码会分配一位 0 或者 1 的编码，造成数据压缩效果不够理想。

在算术编码中，消息用 0~1 之间的实数进行编码，算术编码用到两个基本的参数：符号的概率和它的编码间隔。信源符号的概率决定压缩编码的效率，也决定编码过程中的信源符号的间隔，而这些间隔包含在 0~1 之间。编码过程中的间隔决定了符号压缩后的输出。

假设信源符号为 {00，01，10，11}，这些信源符号的概率分别为 {0.2，0.3，0.1，0.4}。根据这些概率可把间隔 [0，1] 分成 4 个子间隔：[0，0.2]，[0.2，0.5]，[0.5，0.6]，[0.6，1]。如果二进制消息序列的输入为 10 00 11 00 10 11 01，首先输入的信号是 10，找出的编码范围为 [0.5，0.6]。第二个输入的信号为 00，对应的编码范围为 [0，0.2]，因此它的间隔就取 [0.5，0.6] 的第一个十分之二作为新间隔 [0.5，0.52]。依次类推，编码第三个符号是 11 时取新间隔为 [0.512，0.52]，编码的第四个符号是 00 时，

取新间隔 [0.512，0.5136]，…。消息的编码输出可以是最后一个间隔中的任意数。

（4）香农（Shannon）编码法

香农编码算法的过程为：

①给定信源符号概率，要先判断信源符号概率是否满足概率分布，即各概率之和是否为 1，如果不为 1 就没有继续进行编码的必要。

②对信源符号概率进行从大到小进行排序（相等者可以任意颠倒排列位置）。

③做编码的第二步，求信源符号概率的累加概率，用来编写码字。

④求各信源符号概率对应的自信息量，用于求解码长 k。

⑤对刚求的自信息量对无穷方向取最小正整数，得到的最小正整数就是该信源符号所对应编码的码长 k。

⑥对所求到的累加概率求其二进制，取其小数点后的数，所取位数由该信源符号对应的码长决定，依次得到各信源符号的香农编码。

（5）LZW 编码

①LZW 编码。LZW 编码（Lempel. Ziv. Welch Coding）是一种降低像素间冗余度的无损压缩编码方法，它属于基于"字典"的压缩方法。这种编码方法对相继出现的、由单个信源符号所构成的、长度可变的符号序列用固定长度的码字进行编码。LZW 编码原理是把每一个第一次出现的字符串用一个数值来编码，在还原程序中再将这个数值还成原来的字符串。例如：用数值 287 代替字符串"abccddeee"，每当出现该字符串时，都用 287 代替，这样就起到了压缩的作用。

至于 287 与字符串的对应关系则是在压缩过程中动态生成的，而且这种对应关系隐含在压缩数据中，随着解压缩的进行，这张编码表会从压缩数据中逐步得到恢复，后面的压缩数据再根据前面数据产生的对应关系产生更多的对应关系，直到压缩文件结束为止。LZW 是消除像素之间的冗余，属于无损压缩编码。GIF 文件格式采用了这种压缩算法，另外，在 PDF 和 TIFF 格式中也有 LZW 编码算法。

对信源符号的可变长度序列分配固定长度编码构造一个对信源符号进行编码的编码本或（"字典"），用字典中的码字对信源序列进行编码是算法的核心，其目的是要寻找能识别的最长模式。

②LZW 编码举例。一个 4×4、8 位图像，灰度值如表 3 - 3 所示，用 LZW 编码对数据进行压缩。

表 3 - 3　LZW 编码算例中像素灰度值

39	39	39	39
150	150	150	150
39	39	39	39
150	150	150	150

先构造一个 9 位的字典，如表 3 - 4 所示。

表3－4　LZW算例中字典的构造

字典位置	条目
0	0
1	1
…	…
255	255
256	
…	…
511	

对图的像素模块编码时，按照像素从左至右、从上至下顺序处理。每个陆续进入编码器的灰度值与一个变量衔接，编码过程见表3－5。

表3－5　LZW算例过程

当前被识别序列	被编码的灰度值	编码输出	存入字典内容	存入字典位置（码字）
	39			
39	39	39	39 － 39	256
39	39			
39 － 39	39	256	39 － 39 － 39	257
39	150	39	39 － 150	258
150	150	150	150 － 150	259
150	150			
150 － 150	150	259	150 － 150 － 150	260
150	39	150	150 － 39	261
39	39			
39 － 39	39			
39 － 39 － 39	39	257	39 － 39 － 39 － 39	262
39	150			
39 － 150	150	258	39 － 150 － 150	263
150	150			
150 － 150	150			
150 － 150 － 150		260		

在该算例中，压缩前的数据量为$16 \times 8 = 128$bit，压缩后的数据为$10 \times 9 = 90$bit，压缩比为$1.42:1$。

③LZW解码。LZW编码的一个重要特点是码书（字典）是在数据编码过程中产生的，

而 LZW 解码器在解码编码数据流的同时，也建立一个与编码过程相同的解码码书。表3-6列出了解码过程。

表3-6　LZW 算例中解码过程

当前被识别序列	解码复原灰度值	被解码码字	存入字典内容	存入字典位置（码字）
	39	39		
39	39	256	39 - 39	256
39	39			
39 - 39	39	39	39 - 39 - 39	257
39	150	150	39 - 150	258
150	150	259	150 - 150	259
150	150			
150 - 150	150	150	150 - 150 - 150	260
150	39	257	150 - 39	261
39	39			
39 - 39	39			
39 - 39 - 39	39	258	39 - 39 - 39 - 39	262
39	150			
39 - 150	150	260	39 - 150 - 150	263
150	150			
150 - 150	150			

3.3.2　预测编码

预测编码（Predictive Coding）是指依据某一模型，根据以往的样本值对于新样本值进行预测，然后将样本的实际值与预测值相减得到一个误差值，对这一误差值进行编码。由于预测编码是以当前像素间已经传出的若干邻近像素为参考点预测估计出来，因此预测编码的基本思想是建立在图像中邻近像素间高度相关的事实基础上，正是由于像素间有相关性，才使预测成为可能。

预测编码分为线性预测与非线性预测。线性预测中，最常用的是差分脉冲编码调制，即DPCM（Differential Pulse Code Modulation）。DPCM 的工作原理主要是基于图像中相邻像素间的数据具有较强的相关性，每个像素可以根据以前已知的几个像素值进行预测。

3.3.3　变换编码

变换编码的基本原理是将空域中描述的图像数据经过某种变换，转换到新的变换域中进行描述，在变换域中达到改变能量分布的目的，将图像能量在空间域的分散分布，变为在变换域中的相对集中分布，从而实现对信源图像数据的有效压缩。

变换编码主要包括 DFT 变换、K－L 变换、WHT 变换、DCT 变换和小波变换编码等。离散余弦变换（Discrete Cosine Transform，DCT）是一种实数域变换，其变换核为实数余弦函数。对一幅图像进行离散余弦变换后，许多有关图像的重要可视信息都集中在 DCT 变换的小部分系数中。离散余弦变换（DCT）是有损图像压缩 JPEG 的核心。

DCT 实例说明如下。

例 8×8 的原始图像，灰度值矩阵为：

$$A_0 = \begin{bmatrix} 52 & 55 & 61 & 66 & 70 & 61 & 64 & 73 \\ 63 & 59 & 55 & 90 & 109 & 85 & 69 & 72 \\ 62 & 59 & 68 & 113 & 144 & 104 & 66 & 73 \\ 63 & 58 & 71 & 122 & 154 & 106 & 70 & 69 \\ 67 & 61 & 68 & 104 & 126 & 88 & 68 & 70 \\ 79 & 65 & 60 & 70 & 77 & 68 & 58 & 75 \\ 85 & 71 & 64 & 59 & 55 & 61 & 65 & 83 \\ 87 & 79 & 69 & 68 & 65 & 76 & 78 & 94 \end{bmatrix}$$

推移 128 后，使其范围变为 -128～127，则灰度值调整为：

$$A_1 = \begin{bmatrix} -76 & -73 & -67 & -62 & -58 & -67 & -64 & -55 \\ -65 & -69 & -73 & -38 & -19 & -43 & -59 & -56 \\ -66 & -69 & -60 & -15 & 16 & -24 & -62 & -55 \\ -65 & -70 & -57 & -6 & 26 & -22 & -58 & -59 \\ -61 & -67 & -60 & -24 & -2 & -40 & -60 & -58 \\ -49 & -63 & -68 & -58 & -51 & -60 & -70 & -53 \\ -43 & -57 & -64 & -69 & -73 & -67 & -63 & -45 \\ -41 & -49 & -59 & -60 & -63 & -52 & -50 & -34 \end{bmatrix}$$

使用离散余弦变换，并四舍五入取最接近的整数：

$$A_2 = \begin{bmatrix} -415 & -30 & -61 & 27 & 56 & -20 & -2 & 0 \\ 4 & -22 & -61 & 10 & 13 & -7 & -9 & 5 \\ -47 & 7 & 77 & -25 & -29 & 10 & 5 & -6 \\ -49 & 12 & 34 & -15 & -10 & 6 & 2 & 2 \\ 12 & -7 & -13 & -4 & -2 & 2 & -3 & 3 \\ -8 & 3 & 2 & -6 & -2 & 1 & 4 & 2 \\ -1 & 0 & 0 & -2 & -1 & -3 & 4 & -1 \\ 0 & 0 & -1 & -4 & -1 & 0 & 1 & 2 \end{bmatrix}$$

上面就是将取样块由时间域转换为频率域的 DCT 系数块。

DCT 将原始图像信息块转换成代表不同频率分量的系数集，这有两个优点：其一，信号常将其能量的大部分集中于频率域的一个小范围内，这样一来，描述不重要的分量只需要很少的比特数；其二，频率域分解映射了人类视觉系统的处理过程，并允许后继的量化过程满足其灵敏度的要求。

DCT 后的 64 个 DCT 频率系数与 DCT 前的 64 个像素块相对应，DCT 过程的前后都是 64 个点，说明这个过程只是一个没有压缩作用的无损变换过程。单独一个图像的全部

DCT 系数块的频谱几乎都集中在最左上角的系数块中。DCT 输出的频率系数矩阵最左上角的直流（DC）系数幅度最大，为 − 415；以 DC 系数为出发点向下、向右的其他 DCT 系数，离 DC 分量越远，频率越高，幅度值越小，最右下角为 2，即图像信息的大部分集中于直流系数及其附近的低频频谱上，离 DC 系数越远的高频频谱几乎不含图像信息，甚至于只含杂波。

DCT 转换后，接下来是量化过程。量化过程实际上是简单地把频率领域上每个成分，除以一个常数，对结果四舍五入取最接近的整数。用 JPEG 标准化数组作为量化矩阵：

$$K = \begin{bmatrix} 16 & 11 & 10 & 16 & 24 & 40 & 51 & 61 \\ 12 & 12 & 14 & 19 & 26 & 58 & 60 & 55 \\ 14 & 13 & 16 & 24 & 40 & 57 & 69 & 56 \\ 14 & 17 & 22 & 29 & 51 & 87 & 80 & 62 \\ 18 & 22 & 37 & 56 & 68 & 109 & 103 & 77 \\ 24 & 35 & 55 & 64 & 81 & 104 & 113 & 92 \\ 49 & 64 & 78 & 87 & 103 & 121 & 120 & 101 \\ 72 & 92 & 95 & 98 & 112 & 100 & 103 & 99 \end{bmatrix}$$

量化后，

$$\hat{A} = \begin{bmatrix} -26 & -3 & -6 & 2 & 2 & -1 & 0 & 0 \\ 0 & -2 & -4 & 1 & 1 & 0 & 0 & 0 \\ -3 & 1 & 5 & -1 & -1 & 0 & 0 & 0 \\ -4 & 1 & 2 & -1 & 0 & 0 & 0 & 0 \\ 1 & 0 & 0 & 0 & 0 & 0 & 0 & 0 \\ 0 & 0 & 0 & 0 & 0 & 0 & 0 & 0 \\ 0 & 0 & 0 & 0 & 0 & 0 & 0 & 0 \\ 0 & 0 & 0 & 0 & 0 & 0 & 0 & 0 \end{bmatrix}$$

可以看出，量化过程实际上就是对 DCT 系数的一个优化过程，它是利用了人眼对高频部分不敏感的特性来实现数据的大幅简化。

3.4　数字图像文件格式

3.4.1　TIFF 格式

标签图像文件格式（Tagged Image File Format，TIFF）是一种主要用来存储包括照片和艺术图在内的图像的文件格式，最初由 Aldus 公司与微软公司一起为 PostScript 打印开发的。目前 TIFF 与 JPEG 和 PNG 一起成为流行的高位彩色图像格式，在业界得到了广泛的支持，如 Adobe 公司的 Photoshop、The GIMP Team 的 GIMP、Ulead PhotoImpact 和 Paint Shop Pro 等图像处理应用、QuarkXPress 和 Adobe InDesign 这样的桌面印刷和页面排版应用，扫描、传真、文字处理、光学字符识别和其他一些应用等都支持这种格式。

TIFF 是一个灵活适应性强的文件格式。通过在文件标头中使用"标签"，它能够在一个文件中处理多幅图像和数据。标签能够标明图像的基本特征，包括图像大小、图像数据是如何排列的，以及是否使用了各种各样的图像压缩选项。例如，TIFF 可以包含 JPEG 和进程长度编码压缩的图像。TIFF 文件也可以包含基于矢量的裁剪区域（剪切或者构成主体图像的轮廓）。使用无损格式存储图像的能力使 TIFF 文件成为图像存档的有效方法。与 JPEG 不同，TIFF 文件可以编辑然后重新存储而不会有压缩损失。

TIFF 文件的特点有：

①支持多种色彩位和多种色彩模式，支持多平台。TIFF 格式支持 256 色、24 位真彩色、32 位色、48 位色等多种色彩位，同时支持 RGB、CMYK 以及 Lab 等多种色彩模式，方便作为应用程序和计算机平台之间的交换文件。

②TIFF 文件可以是压缩的，也可以是不压缩的，支持 RAW、RLE、LZW、JPEG 以及 CCITT3 等多种压缩方式。

③TIFF 格式可以制作质量非常高的图像，适用于出版印刷，它可以显示上百万的颜色。

④TIFF 格式支持具有 Alpha 通道的 CMYK、RGB、Lab、索引颜色和灰度图像以及无 Alpha 通道的位图模式图像。

⑤适用于桌面排版。一般桌面排版选用 TIFF 或者 EPS 格式，相对于 EPS 格式，TIFF 格式的文件传送的速度会更快。

⑥TIFF 格式可将图像的不同部分分成数据块。对于每个块状部分，都保存了一个标志。块状的优点是支持 TIFF 格式的软件包只需要保存当前显示在屏幕上的那部分图像，而没有在屏幕上显示的图像部分还保存在硬盘上，等到需要时才装入内存。当编辑一幅非常大的高分辨率图像时，这一特性就很重要。

3.4.2　EPS 格式

EPS 格式（Encapsulated PostScript）是被封装的 PostScript 格式的缩写，它是跨平台的标准格式，专用的打印机叙述语言，可以描述矢量信息和位图信息。作为跨平台的标准格式，拓展名在 PC 上是 eps，在 Macintosh 平台上是 epst，主要用于矢量图像和网目调图像的存储。

EPS 主要包含以下几个特征：

①EPS 是桌面印前系统普遍使用的一种综合文件格式，可以在任何 PostScript 打印机上进行准确的效果呈现，适合于输出。

②EPS 文件格式的"封装"单位是一个页面，EPS 文件只包含一个页面的描述。这样，如果有 50 个页面的出版物就会产生 50 个 EPS 文件。页面大小可以随着所保存的页面上的物体的整体长方形边界来决定，所以它既可用来保存组版软件中一个标准的页面大小，也可用来保存一个独立大小的对象的矩形区域。TIFF 格式适合于多页面的图像。

③EPS 文件虽然采用矢量描述的方法，但亦可容纳点阵图像，只是它并非将点阵图像转换为矢量描述，而是将所有像素数据整体以像素文件的描述方式保存。而对于针对像素图像的组版剪裁和输出控制参数，如轮廓曲线的参数，加网参数和网点形状，图像和色块的颜色设备特征文件（Profile）等，都用 PostScript 语言方式另行保存。

④EPS 格式中文本部分可由 ASCII 字符和二进制数字写出，ASCII 字符生成的文件较大，但可直接在普通编辑器中修改和检查；二进制生成的文件小，处理快，但不便修改和检查。

⑤EPS 文件可以同时携带与文字有关的字库的全部信息。如果输出系统没有相应的汉字字库，那么在处理时就必须将文字转换成图形才能正常输出。

⑥EPS 文件可以在保存位图的同时保存加网处理命令，这是相比 TIFF 文件很明显的优势，在 TIFF 文件中，没有任何工具含有加网的处理指令。

3.4.3　JPEG 格式

JPEG 是最常用的图像文件格式之一，它是一种有损压缩格式，在获得极高的压缩率的同时保持较高的图像质量。JPEG 是一种很灵活的格式，支持多种压缩级别，压缩比率通常在 10∶1 到 40∶1 之间。JPEG 格式压缩的主要是高频信息，对色彩的信息保留较好，适合应用于互联网和数码相机领域，可减少图像的传输时间，可以支持 24bit 真彩色，也普遍应用于需要连续色调的图像。

JPEG 文件格式的特点可以总结为：

①节省存储空间。

②支持色彩管理。

③广泛应用于网络。

④图像质量与压缩比相关，压缩比可以选择。

⑤保存路径。

⑥多次存储需采用同一压缩比。

JPEG2000 相对于 JPEG 格式的区别如下：

①支持无损压缩，采用以小波变换为主的多解析编码方式。

②全面支持 8 位图像透明像素。

③支持 RGB、CMYK、灰度图像和 Lab 图像模式。

④支持 Alpha 通道和专色通道。

⑤文件中可嵌入元数据。

⑥在同一压缩比下，可提高图像质量。

3.4.4　PDF 格式

PDF（Portable Document Format）文件格式是 Adobe 公司开发的电子文件格式。这种文件格式与操作系统平台无关，非常适于数字化信息的传播，越来越多的电子图书、产品说明、公司文告、网络资料、电子邮件开始使用 PDF 格式文件。

PDF 文件格式可以将文字、字型、格式、颜色及独立于设备和分辨率的图形图像等封装在一个文件中。该格式文件还可以包含超文本链接、声音和动态影像等电子信息，支持特长文件，集成度和安全可靠性都较高。

PDF 文件使用了工业标准的压缩算法，通常比 PostScript 文件小，易于传输与储存。它还是页独立的，一个 PDF 文件包含一个或多个"页"，可以单独处理各页，特别适合多处理器系统的工作。此外，一个 PDF 文件还包含文件中所使用的 PDF 格式版本，以及文件中一些重要结构的定位信息。

PDF 文件的特点包括：

①单页面排版，方便灵活。文件体积较小，可植性强。

②PDF 是跨平台格式，对象的描述与设备无关，并具页面无关性，适于文档传递及交换。

③全面支持 ICC 色彩管理。

④支持多种压缩算法，包括 JPEG、LZW 以及 RLE 方法。

⑤具有超文本链接功能。

3.4.5 SVG 格式

SVG 是可缩放矢量图形（Scalable Vector Graphics）的简写，它是基于可扩展标记语言（XML），用于描述二维矢量图形的一种图形格式。SVG 是 W3C（World Wide Web ConSortium，国际互联网标准组织）在 2000 年 8 月制定的一种新的二维矢量图形格式，也是规范中的网络矢量图形标准。SVG 严格遵从 XML 语法，并用文本格式的描述性语言来描述图像内容，因此是一种和图像分辨率无关的矢量图形格式。

SVG 图形格式的特点包括：

①是完全基于 XML 技术的，因此具有良好的跨平台性和可扩展性。

②采用文本来描述矢量图形，这使得 SVG 图像文件可以像 HTML 网页一样有着很好的可读性。

③具有交互性和动态性，可以在 SVG 文件中嵌入动画元素（如运动路径、渐现或渐隐效果、生长的物体、收缩、快速旋转、改变颜色等），或通过脚本定义来达到高亮显示、声音、动画等效果。

④完全支持文档物件模型（Document Object Model，DOM）。DOM 是一种文档平台，它允许程序或脚本动态的存储和上传文件的内容、结构或样式。由于 SVG 完全支持 DOM，因而 SVG 文档可以通过一致的接口规范与外界的程序相通。SVG 以及 SVG 中的物件元素完全可以通过脚本语言接受外部事件的驱动，例如鼠标动作，实现自身或对其他物件、图像的控制等，这也是电子文档应具备的优秀特性之一。

⑤SVG 相对于 GIF、JPEG 等其他格式来看，具有明显的优势，SVG 是矢量图像格式，而 GIF、JPEG 则属于位图图像格式，因此 SVG 可以任意缩放，数据量少，并且文本独立，文字可以任意编辑和搜索，适于应用在智能手机上。同时，SVG 具有超强的颜色控制和良好的交互性，有广阔的应用前景。

3.5 图像压缩标准

3.5.1 JPEG 和 JPEG2000

JPEG 是联合图像专家小组（Joint Photographic Experts Group）的英文缩写，其中"联合"

的含义是指国际电信电报咨询委员会（Consultative Committee of the International Telephone and Telegraph，简称CCITT）和国际标准化组织（ISO）联合组成的一个图像专家小组。联合图像专家小组致力于静止图像的数字图像压缩编码方法，这个编码方法被称为JPEG算法，也被确定为JPEG国际标准。

JPEG适合于静止图像的压缩，它是彩色图像、灰度图像和静止图像的第一个国际标准，目前该标准也适用于电视图像序列的帧内图像的压缩。

JPEG算法具有以下4种操作方式：

①顺序编码：每个图像分量按从左到右，从上到下扫描，一次扫描完成编码。

②累进编码：图像编码在多次扫描中完成。累进编码传输时间长，接受端收到的图像是多次扫描由粗糙到清晰的累进过程。

③无失真编码：无失真编码方法能保证解码后，完全精确的恢复源图像的采样值，其压缩比低于有失真压缩编码方法。

④分层编码：图像在多个空间分辨率进行编码。在信道传送率低，接受端显示器分辨率也不高的情况下，只需要做低分辨率图像编码。

JPEG中的编码技术主要包括离散余弦变换，还有熵编码和Huffman编码，它是目前静态图像中压缩比最高的。

JPEG2000相对于JPEG标准而言，明显的优势是有更高的压缩比以及更多功能。该系统使用了小波变换压缩技术，具有以下主要特点：

①低码率下的超级压缩性能。

②连续色调与二值压缩。

③有损和无损压缩。

④根据像素精度和分辨率的层次进行传输。

⑤固定码率、固定大小等。

3.5.2 MPEG 标准

MPEG是动态图像专家组（Moving Picture Experts Group）的英文缩写。现在共有MPEG - 1、MPEG - 2、MPEG - 3几个版本，后来又提出了MPEG - 7。

MPEG的功能特点有：

①兼容性好。

②压缩比较高，最高可达200：1。

③在提供高压缩比的同时，数据损失造成的音、视频失真很小。

（1）MPEG - 1

MPEG - 1是1992年为工业级而设计，适用于不同带宽的设备，如CD - ROM，Video - CD等。该标准也被用于数字电话网络上的视频传播，也可被用作记录媒体或是在Internet上传输音频。

MPEG - 1由于采用较低的分辨率，以及采用了运动补偿、DCT、可变字长等编码方式，可达到较高的压缩比。

（2）MPEG - 2

MPEG - 2制定于1994年，其目的是为了保障高级工业标准的图像质量以及更高的传输率。它适于 DVD、广播、有线电视网、电缆网络以及卫星直播和高清晰度电视上提供的数字视频。

MPEG-2 采用了更多和更细的压缩编码技术，主要有 DCT、运动预测、运动补偿和霍夫曼编码，相对于 MPEG-1 来讲，大大提高了压缩比。

（3）MPEG-4

该标准于 1999 年形成，它是以视频、音频、文字、数据位对象的多媒体压缩编码标准。主要应用于视频电话、视频电子邮件和电子新闻，与 MPEG-1 和 MPEG-2 相比，MPEG-4 的特点主要如下。

①交互性：MPEG-4 是第一个使用户由被动变为主动的动态图像标准，更适于交互式音、视频服务以及远程监控。

②综合性。

③更广泛的适应性和可扩展性。

（4）MPEG-7

继 MPEG-4 之后，要解决的矛盾就是对日渐庞大的图像、声音信息的管理和迅速的搜索。针对这个矛盾，MPEG 提出了解决方案 MPEG-7，力求能够快速且有效地搜索出用户所需的不同类型的多媒体资料。MPEG-7 标准被称为"多媒体内容描述接口"，为各类多媒体信息提供一种标准化的描述，这种描述将与内容本身有关，允许快速和有效地查询用户感兴趣的资料，该标准于 1998 年 10 月提出。

MPEG-7 标准化的范围包括：一系列的描述子（描述子是特征的表示法，一个描述子就是定义特征的语法和语义学）；一系列的描述结构（详细说明成员之间的结构和语义）；一种详细说明描述结构的语言、描述定义语言（DDL）；一种或多种编码描述方法。

MPEG-7 的目标是支持多种音频和视觉的描述，包括自由文本、N 维时空结构、统计信息、客观属性、主观属性、生产属性和组合信息。对于视觉信息，描述将包括颜色、视觉对象、纹理、草图、形状、体积、空间关系、运动及变形等。MPEG-7 标准可以应用的领域包括音视数据库的存储和检索；广播媒体的选择（广播、电视节目）；因特网上的个性化新闻服务；智能多媒体、多媒体编辑；教育领域的应用（如数字多媒体图书馆等）；远程购物；社会和文化服务（历史博物馆、艺术走廊等）；调查服务（人的特征的识别、辩论等）；遥感；监视（交通控制、地面交通等）；生物医学应用；建筑、不动产及内部设计；多媒体目录服务（如黄页、旅游信息、地理信息系统等）；家庭娱乐（个人的多媒体收集管理系统等）。

3.5.3　H.261/H.263/H.264 标准

H.261/H.263 是视频编码标准。H.261 出现在 1990 年，它是基于 ISDN 上视频会议的标准，引进了诸如动画预报和块传输等特性，这些都为生成高质图片奠定了基础，但 H.261 在动画信息的处理总量上有所限制。

H.261 的帧速度（frames per second，fps）可以达到 7.5、10、15 和 30。由于 H.261 对带宽的需求也很大（64kbps 到 2Mkbps），所以主要定位在电路交换网络系统，H.261 可以说是 MPEG-1 标准的基础。

H.263 是 H.261 的加强版，诞生于 1994 年，目前已经大部分代替了 H.261，而且 H.263

由于能在低带宽上传输高质的视频流而日益受到欢迎。

  H. 264 标准是视频联合工作组（Joint Video Team，JVT）制定的新的视频编码标准，以实现视频的高压缩比、高图像质量、良好的网络适应性等目标。该标准也被 ISO 接纳，称为 AVC（Advanced Video Coding）标准，是 MPEG – 4 的第 10 部分。H. 264 不仅比 H. 263 和 MPEG – 4 节约了 50% 的码率，而且对网络传输具有更好的支持功能。它引入了面向 IP 包的编码机制，有利于网络中的分组传输，支持网络中视频的流媒体传输。H. 264 具有较强的抗误码特性，可适应丢包率高、干扰严重的无线信道中的视频传输。H. 264 支持不同网络资源下的分级编码传输，从而获得平稳的图像质量，并且 H. 264 能适应于不同网络中的视频传输，网络亲和性好。

第4章 色彩模型及转换

彩色图像在不同的设备中再现可能会呈现不同的效果，这是由于不同的设备（计算机显示器、扫描仪、桌面打印机、印刷机、数码相机等）其颜色再现使用不同的色彩空间，它们的色域各不相同。在计算机处理数字图像中，数字图像可以用多种色彩空间表示。常用的有二值图像、灰度图像、多色调图像、Lab 图像、RGB 图像、CMYK 图像等，而不同的色彩空间对应其相对应的色彩模型。本章节主要讨论常用图像的色彩模型及其色彩空间之间的各种转换。

4.1 色彩模型与色彩空间

色彩是一种视觉现象，是不同波长的光波在人眼中的生理感觉形式，通过眼睛和大脑传导的一种感受。人在自然世界中感受到的颜色有两类：彩色的和非彩色的。从白色到黑色的灰度级称为非彩色的。而从物体表面感受到的颜色常用色相（Hue）、饱和度（Saturation）和亮度（Luminance）三个基本特征量来描述，这称为色彩的三属性。

（1）色相

色相又称为色调，是各种不同波长的可见光在视觉上的表现，是区别色彩种类的名称。色相是色彩最基本的特征，也是色与色相互之间最明显的特征。例如，红、橙、黄、绿、青、蓝、紫即为不同光谱波长的色相，表示了一个特定的波长给人的色彩感受。常用标准色轮上的位置来描述，任何颜色都有自己特定的角度（0°～360°）。

（2）饱和度

饱和度也称为纯度、色度或彩度等，是指反射或透射光线接近光谱色的程度。可见光谱中，单色光的饱和度最高，色泽鲜艳。在高饱和度的颜色中加入白、灰和黑色，就会降低该颜色的饱和度，所以，饱和度可以用 0%～100% 来表示颜色的纯度。

（3）亮度

亮度也称为明度，是指人眼所感受到的色彩的明暗程度（0%～100%）。亮度和照射光的强度有关，人眼对亮度的改变非常敏感。由于亮度的差别，相同的色相具有不同的色彩，例如，绿色随着亮度的降低可分为绿色、深绿等，到亮度降为 0 时则为黑色，如图 4-1 所示。

图 4 - 1　亮度以 20 差值降幅的绿色

颜色的色相、饱和度和亮度是人在观察物体时的视觉感受，三者之间既互相独立又不能单独存在，只有在适当的亮度中才能充分体现出来。

4.1.1　概念

4.1.1.1　色彩模型

色彩模型又称为色彩模式，是将颜色划分为若干分量，用数值表示颜色的一种算法。由于呈色原理的不同，颜色分量的不同，决定了显示器、投影仪、扫描仪这类靠色光直接合成颜色的颜色设备和打印机、印刷机这类靠使用颜料的印刷设备在生成颜色方式上的区别。色彩模式除了确定图像中能显示的颜色数之外，还影响图像的通道数和文件大小。这里提到的通道也是图像处理软件 Photoshop 中的一个重要概念，每个 Photoshop 图像具有一个或多个通道，每个通道都存放着图像中颜色元素的信息。

4.1.1.2　色彩空间

色彩空间又称为色彩工作空间或工作空间，它是随着计算机图像处理技术的发展而出现的新概念，其实际意义是指在不同的色彩模式或色彩模型下，分别处理色彩数据及关系的一种软件算法或者管理模式。它是一些计算数据和管理文件的集合，故称为空间，由于此空间针对色彩，所以常将此工作空间称为色彩空间或色彩工作空间。由于色彩空间是以色彩模式为工作基础，所以在图像软件 Photoshop 中，除了在其颜色设置面板中预置了日本、美国、欧洲等国家和地区的印刷色彩专用成套处理方案外，还根据色彩处理工作的需要提供了 RGB、CMYK、灰度、专色 4 种色彩模型下的自定义选择方案，每种模型下有多种基于其色彩模式的具体参数文件以供选择，不同的自定义设置就构成不同的色彩工作空间以适应不同的图像处理要求。

4.1.1.3　色彩模型与色彩空间之间的联系

色彩模型以确定的数值描述颜色，不会因为照射光线和物体周围环境的变化而改变。而因为表示颜色的设备的参数选择的不同，或色彩函数映射关系的不同，则会显示出不同的颜色。所以色彩空间与设备显示颜色的参数有关。事实上，色彩处理是计算机图像处理中最为复杂的工作，而色彩空间的选择和设置是图像处理的基础工作，错误的参数选择，将会给后期的色彩校正带来较大的困难。因此了解各项色彩参数的应用意义，正确选配色彩空间对色彩处理工作而言是非常重要的。

4.1.2　RGB 色彩模型

RGB 模式是基于自然界中 3 种原色光的混合原理，将红（Red）、绿（Green）和蓝（Blue）3 种原色按照从 0（黑）到 255（白色）的亮度值在每个色阶中分配，从而指定其色彩。当不同亮度的基色混合后，便会产生出 256 × 256 × 256 种颜色，约为 1670 万种。例如，当 R、G、B 值分别为：255、0、0，则表示该颜色为三原色之一的红色。当 3 种原色光的亮度值相等时，产生中性灰色；当 3 种原色亮度值都是 255 时，产生纯白色；而当所有亮度值都是 0 时，产生纯黑色。因为 3 种色光混合生成的颜色一般比原来的颜色亮度值高，所以 RGB 模型产生颜色的方法又被称为色光加色法。

4.1.2.1 数学模型

在 RGB 模型中，每种颜色出现在红、绿、蓝的原色光谱分量中，这个模型基于笛卡儿坐标系统，所考虑的彩色子空间是图 4-2 所示的立方体。图中，R、G、B 位于立方体的顶点上，青、品红和黄位于另外 3 个顶点上，黑色在原点处，白色位于立方体对角线的顶点处。在该模型中，一幅彩色图像在数学上可以看作一个具有三个分量的矢量函数，三个分量分别对应红、绿、蓝三原色的亮度值。为方便起见，假定所有的颜色值都经过归一化处理，图 4-2 所示的立方体就是一个单位立方体，即所有 R、G、B 的值都在 [0，1] 范围内取值。对一幅（三通道）的彩色图像可以表示为：

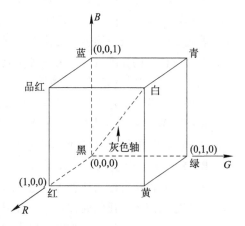

图 4-2 RGB 立方体

$$f(x, y) = [R(x, y), G(x, y), B(x, y)]^T = (R, G, B)^T \qquad (4-1)$$

从原点 (0, 0, 0) 至点 (1, 1, 1) 对角线上的值是由等量的 R、G、B 分量叠加后产生的不同等级的灰色，任何灰度图像的所有像素值全部落在这根对角线上，说明灰色模型是 RGB 色彩模型的子集，该对角线称为消色轴。

4.1.2.2 色彩的描述

用 RGB 彩色模型定义色彩等同于给定一组描述色彩特征的参数数据，而对于这些给定的数据则和当前颜色显示的环境和所采用的色彩空间有关。RGB 模型所描述的彩色图像由 3 个图像分量组成，每一个分量图像都是其原色图像，用以表示每一像素的 bit 数叫做图像位深度或位分辨率。考虑 RGB 图像其中每一幅红、绿、蓝图像都是一幅 8bit 图像，每一个像素 (R, G, B) 称为有 24bit 深度。在 24bit 的 RGB 图像中，红、绿、蓝三颜色的分量分别表示成 0 ~ 255 间的整数，其颜色总数是 $256^3 = 16777216$，也就是"真彩色"。例如：红色表示为：R = 255，G = B = 0。

4.1.2.3 色光加色法（additive mixture）

可见光中存在三种最基本的色光，它们的颜色分别为红色、绿色和蓝色。这三种色光既是白光分解后得到的主要色光，又是混合色光的主要成分，并且能与人眼视网膜细胞的光谱响应区间相匹配，符合人眼的视觉生理效应。这三种色光以不同比例混合，几乎可以得到自然界中的一切色光；而且这三种色光具有独立性，其中一种原色不能由另外的原色光混合而成，由此，我们称红、绿、蓝为色光三原色。所有的显示器、投影设备以及彩色电视机等许多设备都依赖于色光加色模型实现的。

为了统一认识，1931 年国际照明委员会（CIE）规定了三原色的波长 $\lambda_R = 700.0nm$，$\lambda_G = 546.1nm$，$\lambda_B = 435.8nm$。国际照明委员会（CIE）进行颜色匹配试验表明：当红、绿、蓝三原色的亮度比例为 1.0000：4.5907：0.0601 时，就能匹配出中性色的等能白光，其表达式为 (R) + (G) + (B) = (W)。R、G、B 为色光一次色（primary colors），C、M、Y 为色光二次色（secondary color）。将等量的三原色混合时，满足以下规律：

R + G = Y（红色 + 绿色 = 黄色）

R + B = M（红色 + 蓝色 = 品红色）

B + G = C（蓝色 + 绿色 = 青色）

R + G + B = W（红色 + 绿色 + 蓝色 = 白色）

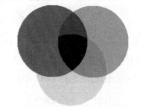

若改变两原色或三原色光的比例，则可以混合到不同颜色的光，混合后色光的亮度可以认为是各原色光亮度的总和。

图 4 – 3 为三原色光混合示意图。

图 4 – 3 三原色光加色模型

如果两种等量的色光相加呈现白色光，则称这两种色光为互补色。

R + C = W（红色 + 青色 = 白色）

G + M = W（绿色 + 品红色 = 白色）

B + Y = W（蓝色 + 黄色 = 白色）

所以，红色是青色的补色，绿色是品红色的补色，蓝色和黄色是一对互补色。若蓝、黄这对互补色按照不同比例混合时，则得到不同饱和度的淡蓝色和淡黄色。

掌握色光加色法的基本原则和规律对屏幕色彩的设计和处理非常重要，可以熟练地分析和判断成分复杂的色光是由哪些原色光混合而成的，或者按照一定的比例将三原色混合成所需要的颜色。例如：橙色由红色和黄色混合而成，黄色由红色和绿色组成，橙色偏红，所以橙色由 2 份红色、1 份绿色混合而成。

4.1.3 CMY 和 CMYK 色彩模型

色料减色混合的物理过程是照在原色色料上的光线中的一部分成分被吸收而反射另一部分成分，然后将各反射成分再相加混合形成新的颜色。它是选择吸收后留下的结果，可以认为减色混合时被照射体呈现颜色的机制。

4.1.3.1 色料减色模型

正如前面指出的那样，青、品红和黄色是光的二次色，换句话说，它们是色料的原色。当黄色颜料涂覆的表面用白光照射时，从该表面反射的不是蓝光，而是从反射的白光中减去蓝色，而白光本身是等量的红、绿、蓝光的组合；即该黄色表面吸收了白光中的蓝色而反射出红色和绿色光，呈现黄色。在白纸上当叠印的颜料（油墨）越多，则呈现的颜色越暗，因为更多的光线被颜料吸收。所以在 RGB 加色模式中，光线加上光线产生一种更亮的色彩；在 CMYK 减色模式中光线被减去，产生一种更暗淡的色彩。例如，当黄色油墨和品红色油墨叠印时，并假设油墨纯度为 100%，黄色油墨先印；当白光照到黄色油墨层时，黄色油墨吸收了白光中的蓝光，反射了白光中的红光和绿光而形成黄色光线，当黄色光线照射到品红油墨层时，其中的绿光成分被品红油墨吸收，故最终呈现出红色。将等量的纯正的青、品红、黄颜料三原色两两相互叠印后，可产生的二次色为红、绿、蓝，而三色叠印则产生黑色，如图 4 – 4 所示。

图 4 – 4 CMY 减色模型

4.1.3.2 合理的 CMYK 模型

CMY 是减色模型，主要应用于大多数在纸上沉积彩色颜料的设备，如彩色打印机和复印机，要求输入 CMY 数据或在内部作 RGB 到 CMY 的转换，这一转换就是执行一个简单操作运算，见式（4 – 2）。

$$\begin{bmatrix} C \\ M \\ Y \end{bmatrix} = \begin{bmatrix} 1 \\ 1 \\ 1 \end{bmatrix} - \begin{bmatrix} R \\ G \\ B \end{bmatrix} \qquad (4-2)$$

这里再次假设所有的彩色值都作归一化处理,式(4-2)显示了从涂覆青色颜料的表面反射的光不包含红色(即公式中 $C=1-R$)。与此相似,品红色不反射绿色,黄色不反射蓝色。如果能生产 100% 纯度的青、品红、黄,则等量的颜料三原色可以产生黑色。实际上,目前无法生产出足够纯度的油墨,这就意味青、品红、黄油墨混合出的黑色是不纯的。为了产生真正的黑色,需要加入第四种颜色——黑色,因此提出了 CMYK 彩色模型。四色印刷,是指 CMY 彩色模型的三种原色再加上黑色。

4.1.3.3 黑墨(K 值)的意义

CMYK 色彩模型中的黑色在印刷的彩色图像合成中起着关键的作用。从根本上说,是为了纠正由于不纯的油墨产生的色彩不稳定因素和偏色问题。多色印刷时将黑色与青、品红、黄色共同使用,从而能够产生更深、更丰富的黑色,并且能产生更清晰的阴影色调。如图 4-5 所示。没有黑色油墨参与的叠加图像缺乏对比度,并出现模糊不清的现象,特别是在色调变化的区域和暗调区域更是严重。当分色使用第四个通道即黑色通道参与叠加时,相同的图像会显得更加清晰,并且颜色更加生动,这是由于黑色产生了外观轮廓增强的效果。另外,黑色油墨直接可以生成黑色或中性灰色,而不是用 3 种彩色油墨来产生,以此减少技术上的成本,提高印刷适性,加快油墨干燥,同时能够稳定印刷过程,使各单色版对印刷的变化不敏感。具体黑墨的生成将在下节详细解释。

图 4-5 4 色印刷分色版及其叠印效果

4.1.4 Lab 色彩模型

Lab 模型是根据国际照明组织委员会（CIE）在 1931 年所制定的一种测定颜色的国际标准建立的，于 1976 年被改进，并且命名的一种色彩模型。如同 CIE 其他色彩模型一样，Lab 模型也通过数学的方法定义颜色。该模型既不依赖于光线，也不依赖于色料，它是 CIE 组织确定的一个理论上包括了人眼可见的所有的颜色的色彩模型，包含了 RGB 和 CMYK 模型所显示的颜色范围（色域），弥补了 RGB 和 CMYK 两种色彩模型的不足。Lab 颜色模型由三个要素组成，一个要素是亮度（L），取值从纯黑（0 相当于没有光线）到纯白（100%），以及两个色彩坐标轴（a 和 b），a 轴用于表示光谱中绿色到红色的部分（-120~120），而 b 轴表示蓝色到黄色（-120~120）。如图 4-6（a）所示，给出了包含全部 Lab 颜色的彩色立体图，这是建立在补色理论基础上的色彩空间。图 4-6（b）给出了 Lab 某一个亮度值的横截面图，在 CIELab 色环中显示了该亮度值的色度变化。

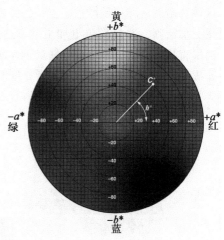

（a）CIELab色彩立方体　　　　　（b）CIELab色环

图 4-6　Lab 色彩模型

其参数可以通过标准色度值来计算：

$$L^* = 116\left(\frac{Y}{Y_0}\right)^{\frac{1}{3}} - 16 \quad \left(\frac{Y}{Y_0} > 0.01\right) \tag{4-3}$$

$$a^* = 500\left[\left(\frac{X}{X_0}\right)^{\frac{1}{3}} - \left(\frac{Y}{Y_0}\right)^{\frac{1}{3}}\right] \tag{4-4}$$

$$b^* = 200\left[\left(\frac{Y}{Y_0}\right)^{\frac{1}{3}} - \left(\frac{Z}{Z_0}\right)^{\frac{1}{3}}\right] \tag{4-5}$$

其中：X、Y、Z 分别为 CIE1931 标准色度学系统的三刺激值，X_0、Y_0、Z_0 为观察样品时使用的照明光源所对应的标准照明三刺激值。

其颜色值（饱和度）：

$$C_{ab}^* = [a^{*2} + b^{*2}]^{\frac{1}{2}} \tag{4-6}$$

其色相角为：

$$h_{ab}^* = \arctan(b^*/a^*) \tag{4-7}$$

Lab 颜色模型具有以下特点：

①在 Lab 色彩空间中明度和颜色是分开的，L 通道没有颜色，只有亮度值，而 a 通道和 b 通道只显示颜色。所以在 L 亮度通道中增强彩色图像的对比度或明暗程度而不影响图像的色彩内容。

②在 Lab 色彩模型中处理图像处理速度快。

③Lab 色彩模型的色域宽阔，它不仅包含了 RGB 模型和 CMYK 模型所有色域，还能表现它们不能表现的色彩，人眼能感知的色彩，都能通过 Lab 色彩模型表现出来。

④它弥补了 RGB 色彩模型和 CMYK 色彩模式色彩分布不均的不足。

尽管 Lab 色彩模型根据人类感知色彩的原理设计，但是对多数普通用户而言，直接使用 Lab 模式工作还是不能十分理解其色彩含义。然而，色彩管理系统将 Lab 作为中介色彩空间来进行不同色彩空间之间的转换，是最佳避免色彩损失的方法。

4.1.5 HSI 色彩模型

HSI 色彩模型是美国色彩学家孟塞尔（H. A. Munsell）于 1915 年提出的，它反映了人的视觉系统感知彩色的方式，以色调（Hue）、饱和度（Saturation）和强度（Intensity）三种色彩的基本特征量来感知颜色。色调是描述纯色的属性（纯黄色、橘黄或者红色）；饱和度给出一种纯色被白光稀释的程度的度量（深红、粉红等）；亮度是一个主观的描述，实际上，它是不可以测量的，体现了无色的强度概念，并且是描述彩色感觉的关键参数。而强度（灰度）是单色图像最有用的描述，这个量是可以测量且很容易解释。由此我们得到 HSI 模型的建立基于两个重要的事实：①I 分量与图像的彩色信息无关。②H 和 S 分量与人感受颜色的方式是紧密相联的。

这些特点使得 HSI 模型非常适合彩色特性检测与分析，成为开发基于彩色描述的图像处理方法的良好工具，而这种彩色描述对人来说是自然而直观的。

HSI 模型可以从 RGB 单位立方体沿主对角线旋转投影得到。根据 4.1.2 的讨论，任何 RGB 色彩信息都可以使用 HSI 模型来进行解释。图像强度（灰度级）是沿着连接黑白两顶点的连线分布，该轴称为强度轴，强度轴和位于垂直于该轴的平面的彩色点轨道表示 HSI 空间。当平面沿强度轴向上或向下移动时，由平面与立方体表面构成的横截面决定的边界不是呈三角形就是六边形。当然通过几何变换也可以转换成圆形或其他形状。

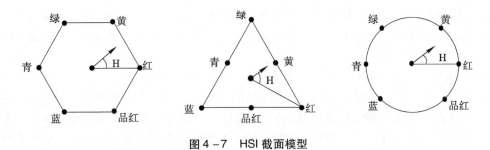

图 4 - 7　HSI 截面模型

在这个平面中可以看到 HSI 模型是一个极坐标三维空间，色调沿着逆时针方向变化，从

61

0°到360°，其中0°表示红色，60°表示黄色。即原色之间分隔120°，二次色与原色分隔60°。饱和度（距垂直轴的距离）是从原点到该点的向量长度。注意，原点是由彩色横截面垂直于强度轴的交点定义的。图4-7显示了截面中任意的一个彩色点用色调和饱和度解释。而该点的强度分量，就是该垂直于强度轴的平面与强度轴的交点，强度值的范围在［0，1］之间。

图4-8显示了基于彩色圆形的HSI色彩模型。从图中可以看出HIS模型能把色调、亮度和饱和度的变化情形表现得非常清晰。在图像处理和计算机视觉中的大量算法都可在HSI色彩空间中方便、快速地处理，因此，在HSI色彩空间可以大大简化图像分析和处理的工作量。而HSI色彩空间和RGB色彩空间只是同一物理量的不同表示法，因而它们之间存在着无损色彩的转换关系。

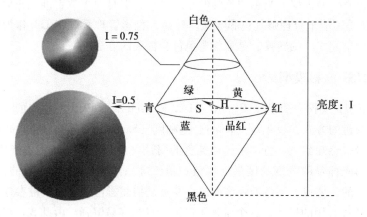

图4-8　HSI亮度截面模型

4.2　色彩空间的转换

在彩色图像复制的过程中，信息相同的同一幅图像在不同的显示器上显示时，可能会呈现出不同的颜色效果，用不同的彩色打印机输出时颜色也可能不尽相同，若通过印刷复制的彩色图像可能又和打印复制的效果大相径庭。相同的颜色数据在不同的设备上得不到同样的颜色，相同的颜色数据在设计和印刷作业的不同阶段所看到的颜色也很难一致。原因在于这些图像的数据表示使用的是RGB色彩空间或是CMYK色彩空间，而它们都是与设备相关的表示方法，也就是说一组RGB或CMYK数据到底会使人眼看到什么颜色是与呈现这个颜色的设备特性密切相关的。

在印刷色彩复制过程中，同一种颜色要在不同的硬件设备间传递，原稿（大多为减色法呈色原理，数字原稿为加色法呈色原理）经过扫描、图像处理（加色法呈色原理）、输出数码样张（减色法呈色原理）、最后输出印刷品（减色法呈色原理）。由于加色法呈色原理与减色法呈色原理存在本质差异，怎样确保印刷复制过程各自工艺环节颜色的一致性，从而达到控制颜色复制质量的目的，我们有必要了解一下各种颜色空间之间的转换。

4.2.1 RGB 与 CMYK 间的色彩转换

RGB 和 CMYK 色彩空间都是印刷行业中经常要使用的颜色空间，将 RGB 色彩空间向 CMYK 色彩空间转换的过程也称为分色。在转换过程中存在着两个复杂的问题，其一是由于印刷媒体系统中各种设备的色彩空间是不同的，尤其是输出设备的色彩空间最小，因而需要将源色彩空间压缩到目标色彩空间，色彩空间压缩必须在与设备无关的色彩空间 CIELab 中完成；其二是印刷媒体的色彩表达中，RGB 色彩空间与 CMYK 色彩空间是印刷媒体、跨媒体显示和打印的基本色彩空间，这两个颜色都是和具体的设备相关的，因此就需要通过一个与设备无关的颜色空间来进行转换，CIELab 是两者之间变换的桥梁和评价的基础。

在实际印刷媒体系统中，不同的色彩模型对应着不同的色彩空间，具有不同的色域与精度，常常会导致这种变换关系不能用简单的算式来表达，从而致使色彩变换关系非常复杂。因此，色彩转换的技术关键是以一个与设备无关的色彩空间 CIELab 为基准，在两个不同的色彩空间中建立一一对应的映射关系，可概括为：

①建立显示设备 RGB 与 CIELab 的映射关系，即将 RGB 色彩空间映射变换到与设备无关的 CIELab 色彩空间中。

②建立输出 CMYK 与 CIELab 之间的关系，即将 CMYK 色彩空间映射变换到与设备无关的 CIELab 色彩空间中。

③建立不同 CIELab 色域之间的匹配（映射）关系，即在 CIELab 色彩空间的内部建立不同的色域设备之间的色彩坐标点的对应关系，从而使选定的设备最大限度地再现所需的色彩空间。

4.2.1.1 RGB 与 CIELab 之间的色彩转换

目前，RGB 色彩空间是印刷媒体软拷贝（显示）的主要色彩空间。只有建立与设备相关的色彩空间 RGB 和与设备无关的色彩空间 CIELab 之间的变换，才能够达到印刷媒体色彩转换的要求。RGB 与 CIELab 的色彩空间转换方法可概括为：

①建立 RGB 与 CIEXYZ 之间的线性规划，即 γ 值调整。

②建立 RGB 与 CIEXYZ 之间的线性变换矩阵。

③根据 CIE 已经建立的 XYZ 与色彩空间的关系，求解对应的 Lab 值。

例如：在色温 6500K，$\gamma = 1.8$ 时，RGB 色度坐标 x，y 和亮度值如表 4 – 1 所示。

表 4 – 1　RGB 色度坐标值和亮度值

颜色	x	y	Y（亮度值）
R	0.610	0.350	0.2963
G	0.268	0.595	0.6192
B	0.140	0.066	0.0845

由此，可以得到色彩的亮度方程：

$$Y = 0.2963R + 0.6192G + 0.0845B \qquad (4-8)$$

式中：R、G、B 分别为红、绿、蓝三色含量，根据 CIE 光谱三刺激的公式：

$$\begin{cases} X = \dfrac{x}{y}Y \\ Y = Y \\ Z = \dfrac{z}{y}Y = \dfrac{1-x-y}{y}Y \end{cases} \tag{4-9}$$

得出 RGB 与 CIEXYZ 之间的线性变换矩阵:

$$\begin{pmatrix} X \\ Y \\ Z \end{pmatrix} = \begin{pmatrix} 0.5164 & 0.2789 & 0.1792 \\ 0.2963 & 0.6192 & 0.0845 \\ 0.0339 & 0.1426 & 1.0166 \end{pmatrix} \begin{pmatrix} R \\ G \\ B \end{pmatrix} \tag{4-10}$$

再由 CIE1976 均匀颜色空间 Lab 的计算公式:

$$\begin{cases} L = 116\left(\dfrac{Y}{Y_0}\right)^{\frac{1}{3}} - 16 \\ a = 500\left[\left(\dfrac{X}{X_0}\right)^{\frac{1}{3}} - \left(\dfrac{Y}{Y_0}\right)^{\frac{1}{3}}\right] \\ b = 200\left[\left(\dfrac{Y}{Y_0}\right)^{\frac{1}{3}} - \left(\dfrac{Z}{Z_0}\right)^{\frac{1}{3}}\right] \end{cases} \tag{4-11}$$

求得 Lab 颜色空间的色度值。其中,X、Y、Z 为颜色的三刺激值,X_0、Y_0、Z_0 为标准光源 D_{65} 的三刺激值,其值分别为 $X_0 = 95.045$、$Y_0 = 100$、$Z_0 = 108.255$。

从上述公式可知,只要给出颜色 RGB 的值,就可以求出 Lab 的色度值。由此可以确定 RGB 色彩空间所对应的位于 CIELab 色彩空间中的色域。

4.2.1.2 CMYK 与 CIELab 之间的色彩转换

CMYK 色彩空间是印刷媒体硬拷贝(打印)的主要色彩空间。由于 CMYK 既与设备相关,又与材料相关,而更具多变性,因此建立 CMYK 色彩空间与 CIELab 色彩空间之间的关系是确保同一个色彩信息在不同设备与材料上的色彩再现一致或预测色彩差异大小的前提。CMYK 色彩空间与 CIELab 色彩空间之间的色彩转换就是将硬拷贝与设备相关的色彩空间变换为与设备无关的标准色彩空间。即根据 CMYK 色彩空间与 CIELab 色彩空间的特性,建立一个四维空间向三维空间的映射关系。目前其主要实现方法有:

①基于 Neugebauer 方程的构造模型法。

②基于神经网络模型的色彩变换法。

③基于黑箱模型的色彩变换方法。

④查表色彩变换法等。

4.2.1.3 黑版的生成

在色彩空间的转换过程中,CMYK 数据与标准色彩空间 Lab 数据是非线性的关系,是从"假四维空间"的四个变量 CMYK 向三个变量组成的三维空间的变换,建立两者之间的数学模型非常复杂和困难。但由于 K 是 CMY 的函数,因此转换前必须先确定 K 与 CMY 的关系,即建立黑色的生成曲线,将 CMYK 色彩空间与 CIELab 色彩空间的转换转变为 CMY 与 CIELab 的转换。因此,黑色函数的生成是技术关键。目前,几乎大部分硬拷贝都采用 CMYK 四色呈色方式。根据色彩构成理论,等量的 C、M、Y 可以混合成黑色。然而事实上,实际的油墨并不完全接近于理想色彩,等比例的油墨三原色无法产生中性灰,从而导致在印刷理论中可以实现的色域在显示中无法获得。

但是在实际生产中，不同比例的油墨三原色的组合可以在标准胶印中产生中性灰。例如 C：85%、M：82%、Y：78% 可以产生深灰色，C：34%、M：25%、Y：24% 可以产生浅灰色，如图 4 – 9 所示。这些数据呈现了实际印刷三原色的色彩特性，并作为一种确定灰平衡过程的有效控制工具。

图 4 – 9　灰平衡控制

从根本上来说，多色印刷采用的黑色，是以黑色油墨直接生成黑色或灰色，而不是用 3 种彩色油墨来产生，以减少技术上的成本，降低高价质优油墨的使用，同时还能够稳定印刷过程，使各单色版对印刷的变化不敏感。根据具体印刷工艺和目的输出的需求，使用青、品红、黄和黑色共同完善色彩构成。如图 4 – 10 所示。

具体控制黑色分色版的方法有以下几种。

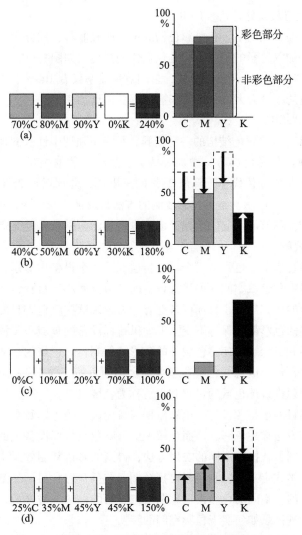

图 4 – 10　以棕色为例的黑色分色版

（1）色彩构成

在色彩构成中，所有的色调都由青、品红、黄三原色组成。在强调图像的暗调，改善图像轮廓时，则可能会用到黑色 K。较暗的色调通过三原色适当地混合得到，如图 4-10（a）所示。图中的棕色色块由 70% 青、80% 品红和 90% 黄构成，总网点数 240%，没有使用黑色，但由于三个彩色的网点数值很高，因此在印刷过程中不容易保持色彩平衡。在这个色彩构成中，包含了一个彩色部分和一个非彩色部分。非彩色部分由 70% 青、70% 品红和 70% 黄组成，在叠印后，产生一个接近灰的色彩。仅仅由剩下的 10% 品红和 20% 黄来形成彩色部分。

（2）底色去除

底色去除（UCR）是一种色彩构成的变化，一部分非彩色成分由黑色取代。如图 4-10（b）所示。图中的棕色色块采用 30% 的 UCR，则由青、品红、黄组成的非彩色成分，从 70% 分别减少了 30%，并用黑色油墨替代。所以，对同样的色块，网点的覆盖率只有 180%，由此而降低了印刷过程中纸面蹭脏的危害，稳定了中性灰，色彩平衡更加容易掌握。

（3）非彩色构成与灰成分替代（GCR）

与彩色构成的不同，理论上，在非彩色构成中，所有非彩色成分全部由黑色代替，不再通过增加彩色的方法加深色彩的暗调，而是仅仅使用黑色。如图 4-10（c）所示。图中的棕色色块由 10% 品红、20% 黄和 70% 黑组成，总网点覆盖率仅有 100%，因此，在全图和全色调中，青、品红和黄的墨量大大地减少，印刷过程变得更加稳定。

（4）底色增益（UCR）

底色增益（UCR）是非彩色结构的一种变异，是为了强调中性灰图像的暗调。如果黑色油墨的密度不够，则在非彩色部分，增加一些青、品红和黄的墨量，降低黑墨墨量，如图 4-10（d）所示。在灰成分替代中，降低 25% 的黑墨量，分别增加 25% 的青、品红和黄墨的墨量，如图 4-10（c）所示。这种色彩复制的方法目前被广为使用，可以很好地消除图像原稿中由于三原色密度不够而引起的色偏，使图像质量和印刷品质保持一致。

4.2.1.4 色域映射

彩色图像在转换过程中，色彩从一个设备传递到另一个设备中显示，意味着将颜色从一种色域空间转变为另一种色域空间，如果源设备的色域空间小于目标设备的色域空间，不难想象，源设备中显示的所有颜色，目标设备都有能力再现这些颜色。只要建立正确的色彩对应关系，则所有传递的色彩都能保持不变。但如果目标设备的色域小于源设备色域，则有些颜色就不能准确传递和显示。如何将色域外的色彩映射到目标色域内，从而实现颜色从源设备到目标设备的传递，这个概念在色彩管理中称之为颜色的"映射"。而将所有目标色域中不能表现的颜色都映射进目标色域的过程和方法称为色域映射。

色域映射的最终目的是将源设备的色彩数据与目标设备的色彩数据相关联起来。由于在不同的设备以不同的方法描述色彩，因而色域映射与颜色在目标设备上的再现意图有关，选择不同的色彩再现意图，就执行不同的映射方法，得到的彩色复制效果也不相同。国际彩色联盟在 ICC 样本文件格式定义了四种色彩再现意图，包括：感觉目的、饱和度目的、相对色度目的和绝对色度目的。不同的色彩再现意图对应不同的色域映射方法，这四种色彩再现目的均用于确定色彩管理体系如何实现色彩空间的转换。

色域映射技术是色彩管理技术的核心，色域映射是在与设备无关的样本空间 CIELab 色彩空间中进行的，并非在各自设备的颜色空间中，其一是因为设备色彩空间之间没有可比性，其二是颜色的传递最终是要由人主观判断。因此只有在视觉颜色空间中做出比较、判断才是有效的。色域映射通常采用色域裁剪和色域压缩两种映射方法来实现。执行映射操作时要求将源设备色域中的颜色全部映射到目标设备色域中，但又要使映射尽量保持源彩色图像的视觉效果。

色域裁剪映射保持源色域在目标色域中的颜色不变，超过目标色域的颜色压缩到目标色域的边界，即损失超出目标色域的部分颜色。此种色域映射方式比较适合于源色域超出目标色域不多的情况，可以保证原始图像绝大部分的色度。反之，如果输入图像的色域范围比目标色域大较多，则会造成源色域外色彩层次的损失。

色域压缩映射将源色域按照某种算法压缩到目标色域内，因此能保证源色域中色彩之间的相对关系，保证压缩前后颜色的整体对比情况不变，但源彩色图像的饱和度略有下降。也可能导致某些颜色发生不利于人们认知习惯的情况，因此选择合理的压缩方法极为重要。常用的色域压缩方法有线性压缩法、非线性压缩法、分段线性压缩法、高阶多项式压缩法和混合压缩方法等。

为获得理想的视觉效果，色域映射算法应满足以下基本原则：

①保持彩色图像的色调不变，即色相角不能偏移。

②保持最大的明度对比度。

③饱和度的改变尽可能的小，即允许饱和度有轻微的下降。

但上述色域映射原则之间存在矛盾的一面，因此为达到最佳的色彩转换效果，需要在这些原则之中找到一个平衡点，尽量保持颜色的色调、明度和饱和度有较好的整体再现效果使用，正确合理的映射算法是涉及色彩空间转换的重要技术。

4.2.2 RGB 与 HSI 间的色彩转换

HSI 是描述人们心理颜色的色彩空间，在 HSI 色彩空间中，色调（Hue）、饱和度（Saturation）和强度（Intensity）被作为坐标轴，图 4-11 给出了对 HSI 色彩空间的一种描述，这个色彩空间很适合彩色图像的处理和借助视觉来定义和描述色彩的特性。

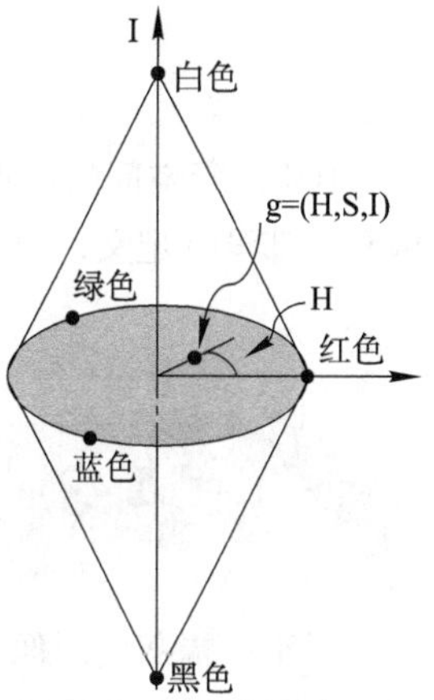

4.2.2.1 RGB 到 HSI 的颜色转换

在 RGB 彩色空间中，像素用 $g = (R, G, B)^T$ 表示，假定 RGB 值都做归一化处理，在 [0, 1] 范围内。色彩的色调 H 刻画了 g 中的主彩色分量，红色作为参考值 0° 和 360°，则 H 可表达为：

$$H = \begin{cases} \delta & \text{当} \quad B \leq G \\ 360° - \delta & \text{当} \quad B > G \end{cases} \quad (4-12)$$

其中：

$$\delta = \arccos\left\{\frac{(R-G)+(R-B)}{2\sqrt{(R-G)^2+(R-B)(G-B)}}\right\} \quad (4-13)$$

图 4-11 HIS 色彩空间

色彩 g 的饱和度 S 是对色彩纯度的测量。这个参数依赖于对色彩感知有贡献的波长的个数。波长的范围越宽，色彩的纯度越低；波长的范围越窄，色彩的纯度越高。从图 4-11 中可以得到色彩离原点的距离越近，饱和度越低。饱和度最高为纯色 $S=1$，中性灰色饱和度 $S=0$。

$$S = 1 - 3\frac{\min(R, G, B)}{R+G+B} \quad (4-14)$$

色彩 g 的强度 I 与图像的彩色信息无关,在灰度图像中对应于亮度,$I = 0$ 对应于黑色,$I = 1$ 对应于白色。

$$I = \frac{R + G + B}{3} \tag{4-15}$$

由此得到,对于 RGB 色彩空间的任意像素 $g = (R, G, B) T$ 均可以在 HSI 色彩空间中得到对应点 $g^1 = (H, S, I) T$。

4.2.2.2 HSI 到 RGB 的颜色转换

RGB 到 HSI 的颜色转换公式是可逆的(除了一些舍入误差和奇异点),HSI 色彩空间中的任意点也对应于 RGB 色彩空间中的像素。其转换方式按照 3 个相隔 120°的扇形分别转换。

(1) 当 $0° \leqslant H \leqslant 120°$,则 RGB 分量为:

$$\begin{cases} B = I(1 - S) \\ R = I\left[1 + \dfrac{S\cos H}{\cos(60° - H)}\right] \\ G = 1 - (R + B) \end{cases} \tag{4-16}$$

(2) 当 $120° \leqslant H \leqslant 240°$,$H = H - 120°$,则 RGB 分量为:

$$\begin{cases} R = I(1 - S) \\ G = I\left[1 + \dfrac{S\cos H}{\cos(60° - H)}\right] \\ B = 1 - (R + G) \end{cases} \tag{4-17}$$

(3) 当 $240° \leqslant H \leqslant 360°$,$H = H - 240°$,则 RGB 分量为:

$$\begin{cases} G = I(1 - S) \\ B = I\left[1 + \dfrac{S\cos H}{\cos(60° - H)}\right] \\ R = 1 - (B + G) \end{cases} \tag{4-18}$$

HSI 色彩空间的优点是其对图像的彩色信息和非彩色信息的分离,对于非彩色,色调和饱和度都没有定义,但奇异点的存在是 HSI 色彩空间的缺陷。

4.3 伪彩色处理

对于一幅灰度图像,人眼只可以分辨由黑到白的几十种不同的灰度,而对于一幅彩色图像,人眼则可以分辨出来上千种颜色。为了人们能更好地观察和解释图像中的灰度目标,在不改变原有图像信息的基础上,将不同的灰度或灰度范围赋予不同的颜色,使人眼直接作用于有差异且分辨率高的彩色图像上进行分析,从而克服人眼对灰度的不敏感,提高人眼对图像信息的观察和鉴别能力。所以对灰度图像进行彩色处理是一种非常有效的图像增强技术。

4.3.1 伪彩色与伪彩色处理

4.3.1.1 伪彩色的概念

在 RGB 色彩空间中,图像的位深度与色彩的映射关系主要有真彩色、伪彩色和调配色

（direct color）。真彩色是指在组成一幅彩色图像的每个像素值中，有 R、G、B 三个基色分量，每个分量用 8bit 描述，这样产生的彩色称为真彩色。

伪彩色是指图像的每个像素值实际上是一个索引值或代码，该代码值作为色彩查找表 CLUT（color look - up table）的表项入口地址，去查找一个显示图像时使用的 R、G、B 强度值，这种用查找映射的方法产生的色彩称为伪彩色。彩色查找表是一个事先做好的表，表项入口地址也称为索引号。彩色图像本身的像素数值和彩色查找表的索引号有一个变换关系，这种关系可以是系统定义的，也可以是用户自己定义的变换关系。使用查找得到的数值显示的彩色是真实的，可又不是图像本身全部的颜色，因为其没有完全反映原图的彩色，所以称其为伪彩色。

调配色（direct color）是指每个像素值由 R、G、B 基色分量组成，每个分量作为单独的索引值对它做变换。也就是通过相应的彩色变换表找出基色强度，用变换后得到的 R、G、B 强度值产生的彩色称为直接色。

用这种系统产生颜色与真彩色系统相比，相同之处是都采用 R、G、B 基色分量决定基色强度，不同之处是后者的基色强度直接用 R、G、B 决定，而前者的基色强度由 R、G、B 经变换后决定。因而这两种系统产生的颜色就有差别。试验结果表明，使用直接色在显示器上显示的彩色图像看起来更真实自然。

这种系统与伪彩色系统相比，相同之处是都采用查找表，不同之处是前者对 R、G、B 分量分别进行变换，后者是把整个像素当作查找表的索引值进行彩色变换。

4.3.1.2 伪彩色处理

伪彩色图像处理是根据特定的准则将灰度图像转换为伪彩色图像，或者将彩色图像转换成给定彩色分布的图像的过程。伪彩色图像中的色彩是根据灰度图像的灰度等级或者其他图像特征人为设定。在高质量的黑白图片或者 X 光片等大量的医学图像中，图像中的灰度等级差别不大，但是却包含了大量的信息。对于一般的观察者来说，虽然人眼只能辨别一幅图像中 4～5bit 的灰度等级，但却能分辨上千种不同的彩色。用各种不同的颜色来代表图像中不同的灰度等级，使黑白图像变换为彩色图像，从而能获取更多的图像信息，达到图像增强的效果。这种伪彩色处理技术已经广泛运用于遥感图像处理、卫星云图和医学影像等各个图像显示领域。

常用的伪彩色处理的方法主要有灰度级 - 彩色变换法、灰度分层法、频率域法伪彩色处理和多光谱图像的伪彩色处理等方法。

4.3.1.3 调色板

图像伪彩色处理的关键在于调色板的编码方法，即怎样将灰度等级映射到调色板的色彩空间上去。计算机系统中用于灰度显示的色彩空间是一维的，用于彩色显示的色彩空间是三维甚至更高，所以从灰度空间到彩色空间的映射方式并不是唯一的。可以按照特定的目的需求构造不同的调色板，或者调用软件中预设的调色板。不同的操作系统、不同的软件使用的调色板是不尽相同的，所以伪彩色处理的效果也是不一样的。在图像处理软件 Photoshop 中预设的调色板有：Black Body、Grayscale、Spectrum、System（Mac OS）、System（Windows）和可以自定义的调色板。而计算软件 MATLAB 软件支持的调色板有：Autumn、Colorcube、Copper、Cool、Jet、Hot、Lines、Pink、Prism、Spring、Summer、Winter 等。

4.3.2 灰度级 - 彩色变换法

4.3.2.1 灰度图像

数字图像在计算机上以位图的形式存储，位图是一个矩形点阵，其中每一点称为一个像素，像素是数字图像中的基本单位。一幅 $m \times n$ 大小的图像，是由 $m \times n$ 个明暗度不等的像素组成的，数字图像中各个像素所具有的明暗程度是由灰度值标识的。灰度是描述灰度图像内容最直接的视觉特征。它表示黑白图像中点的颜色深度，范围一般为 $0 \sim 255$，0 表示黑色，255 表示白色，故黑白图片也称灰度图像。灰度图像矩阵元素的取值通常为 $[0, 255]$，因此其数据类型一般为 8 位无符号整数型，这就是人们通常所说的 256 级灰度，所以灰度图像是由一系列不同亮度（灰度）等级的像素组成。

4.3.2.2 灰度级 – 彩色变换法

灰度级 – 彩色变换法处理本质就是灰度图像到 RGB 图像的转换。假设灰度图像的像素值表示 $\{f(i, j)\}$ 矩阵，对任何输入像素的灰度等级执行 3 个独立的变换，见式（4 – 19），并分别将 3 个变换结果作为 R、G、B 三原色的亮度信息产生一幅彩色图像，其彩色内容受变换函数特性决定，并且不改变图像灰度值的位置信息。

$$f(i, j) = \begin{cases} F_R(i, j) \\ F_G(i, j) \\ F_B(i, j) \end{cases} \qquad (4-19)$$

灰度图像转换为 RGB 图像后，如果三个变换都是相同的，则图像中每个像素的 R、G、B 值都是相等的，那么从视觉效果没有任何变化。如果需要突出图像中某些信息或对象，则根据图像灰度等级给出的特征，选出正确的分割点，设定一组不同的 R、G、B 灰度分段线性变换函数，则图像中的某些像素就会被赋予较强的彩色信号，对从背景物中分离出目标对象是非常有用的。如式（4 – 20）为一组常用的医学图像的灰度变换函数：

$$f(i, j) = \begin{cases} F_R(i, j) = \begin{cases} 0 & i \leqslant \dfrac{L}{2} \\ 2i + \dfrac{L}{2} & \dfrac{L}{2} < i \leqslant \dfrac{3L}{4} \\ L & \dfrac{3L}{4} < i \leqslant L \end{cases} \\[3em] F_G(i, j) = \begin{cases} 4i & i \leqslant \dfrac{L}{4} \\ L & \dfrac{L}{4} < i \leqslant \dfrac{3L}{4} \\ -4i + 4L & \dfrac{3L}{4} < i \leqslant L \end{cases} \\[3em] F_B(i, j) = \begin{cases} L & i \leqslant \dfrac{L}{4} \\ -4i + 2L & \dfrac{L}{4} < i \leqslant \dfrac{L}{2} \\ 0 & \dfrac{L}{2} < i \leqslant L \end{cases} \end{cases} \qquad (4-20)$$

假设 $[0, L]$ 表示灰度图像的灰度等级，则 $0 \leqslant f(i, j) \leqslant L$。

4.3.3 灰度分层伪处理技术

灰度分层技术也称为密度分层伪彩色技术和彩色编码，是伪彩色图像处理中应用较多和最为简单的一种方法。这种处理可以用专用硬件来实现，也可以用查表的方法实现。

如果一幅图像被描述为三维函数（作为空间坐标的亮度），分层方法可以理解为用一些平行于图像坐标面的平面 I_j，然后用每一个平面在与函数相交处切割图像函数。图 4 – 12 显示了利用平面 $f(x, y) = I_j$ 把图像函数切割为两部分。如果对图 4 – 12 所示的平面两侧赋以不同的颜色，将灰度级在平面以上的所有像素用一种颜色编码，而灰度级在平面之下的所有像素用另一种彩色编码，位于平面上的灰度级像素被任意赋以两种颜色之一，得到的结果是一幅两色图像。如果将切割平面沿灰度轴（亮度）上下移动，则可以控制图像的相关彩色状态。

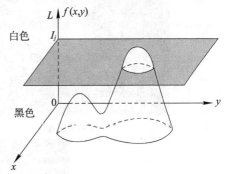

图 4 – 12　灰度分层技术

假设 $[0, L]$ 表示灰度图像的灰度等级，则 $0 \leqslant f(x, y) \leqslant L$。用 $k + 1$ 灰度等级把灰度轴分为 $k(0 < k < L.1)$，分别为：$l_0, l_1, l_2 \cdots l_k$，其中：$l_0 = f(x, y) = 0$（黑色），$l_k = f(x, y) = L$（白色），映射每一段灰度等级为一种颜色，$V_1, V_2, \cdots, V_k$。映射关系为：

$$f(x, y) = c_k \qquad c_k \in V_k \tag{4 – 21}$$

这里 c_k 是与切割平面定义的第 k 个区间 V_k 相关的颜色。

例如：用 Matlab 可以实现灰度分层法伪彩色处理。

```
I1 = imread ('peppers. png');
imshow (I);
title ('original image')
x = grayslice (I, 16);
figure,
imshow (x, hot (16));
title ('gray slice image (16)')
x = grayslice (I, 256);
figure,
imshow (x, hot (256));
title ('gray slice image')
```

运行结果如图 4 – 13 所示。

4.3.4　频率域法伪彩色处理

在频率域伪彩色处理中，图像的色彩取决于灰度图像的空间频率。根据需求针对灰度图像中感兴趣的频率成分以某种特定的色彩来表示，以便更有利于抽取频率信息。设计 3 种不同滤波功能的滤波器，对原始灰度图像做滤波处理，3 个滤波器的输出经过适当的处理，作为彩色输出设备的红、绿、蓝三原色输入，最后输出的伪彩色图像是按照原灰度图像的频率分布形成的，如图 4 – 14 所示。这一彩色处理技术的目的是针对基于频率内容的彩色编码范畴。

(a) 初始图像

(b) 灰度图像(16)

(c) 灰度图像(256)

图 4-13　灰度分层伪彩色处理

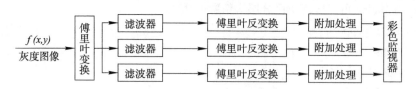

图 4-14　灰度分层伪彩色处理

其中，典型的滤波处理是使用低通、带通和高通滤波器以得到三个范围的频率分量；而附加处理通常包括图形直方图均衡化、反转等图像增强处理。

4.3.5　多光谱图像的伪彩色处理

多光谱图像就是用不同波段的光束形成同一物体的图像，利用多光谱图像直接的配合分析，可以比较方便地区分感兴趣的对象信息。经常采用的一种技术是为彩色合成，即将同一景物的多光谱图像合成为一幅图像，所合成的图像一般采用伪彩色图像的形式输出。

多光谱的伪彩色处理可以用式（4-22）表示：

$$\begin{cases} R_g = T_R\{f_1, f_2, \cdots f_n\} \\ G_g = T_G\{f_1, f_2, \cdots f_n\} \\ B_g = T_B\{f_1, f_2, \cdots f_n\} \end{cases} \tag{4-22}$$

其中：f_1, f_2, $\cdots$, f_n 为景物第 i 波段的图像，R_g、G_g、B_g 分别为所形成的伪彩色图像的红、绿、蓝三原色，T_R、T_G、T_B 分别为红、绿、蓝三原色的变换关系。

4.4 专色

由于 CMYK 彩色空间的色域比较有限，一些鲜艳的色泽无法用四色印刷复制，为了得到更大的色彩范围，实现尽可能与人眼视觉敏感性所反映的色彩空间一致，以及获取高级彩色监视器或者照片的色域，可以采用超过 4 色印刷来完成。除了 CMYK 色彩空间的青、品红、黄和黑墨外，可以增加使用 RGB 色彩空间的红、绿和蓝，或者是一些其他的油墨，如橙色、金色等，这样的印刷称为高保真印刷，这些除了 CMYK 油墨以外的、特殊的和需要独立印版的油墨称为专色油墨。

4.4.1 专色的基本概念

专色油墨是指一种预先混合好的特定彩色油墨，如荧光黄色、珍珠蓝色、金属金银色油墨等，用于代替套印色或者在四色套印的基础上增加独立的印版。专色往往是用四色套印难以复制的颜色。

专色印刷是指采用黄、品红、青和黑墨四色墨以外的其他彩色油墨来复制原稿颜色的印刷工艺。

4.4.2 专色油墨的特点和使用规则

专色印刷主要运用在包装印刷和高端产品的高保真印刷中，如烟标、邮票、徽标以及具有大面积底色等图标的印刷。

4.4.2.1 专色油墨的特点

专色油墨表现出来的色彩要比多色叠印更加均匀一致，更加艳丽，且具有很好的稳定性。专色有以下特点：

①实地性。专色用实地色定义颜色，而无论这种颜色有多浅。所以专色大多采用实地印刷。当然也可以给专色加网以呈现任意的深浅色调。

②准确性。由于每一种专色都有一种固定的色相，所以它能够保证印刷中颜色的准确性，从而很大程度上解决了颜色传递的准确性。在做专色设计时，计算机屏幕上看到的是什么颜色都没有关系，仅仅只是一个代号，这和 CMYK 四色印刷中复杂的颜色匹配形成了鲜明的对照。

③不透明性。专色油墨是一种覆盖性质的油墨，它是不透明的，可以进行实地覆盖。

④表现色域宽。专色色库中的颜色色域很宽，有很大一部分是无法用 CMYK 四色印刷复制的颜色。如中华香烟的天安门烟标上的金色就是一种专色。

4.4.2.2 专色使用规则

①专色名称的统一性。在不同的软件颜色系统里中，对两种完全相同的专色，它们的名称可能会有所不同。例如图形软件 Illustrator 把 PANTONE 185 命名为 PANTONE 185 EC，而在排版软件 InDesign 中则命名为 PANTONE 185 EC 和 PANTONE 185 PC，这样，当 Illustrator 图像对象被置入到 InDesign 组版时，同样的颜色就有三种名称，分色输出时就会产生三块印

版，造成输出错误和经济损失。所以，如果数据文件需要在两个以上的软件中使用，在整合后的分色输出之前，一定要注意使用统一的专色名称。通常采用的方法是以排版软件中使用的名称为准，将其他软件调色板中相同的专色名称重新命名为统一名称。

②加网专色的角度。一般情况下专色都以实地的方式印刷，很少做网点处理。但当使用专色的浅色时，如果有网点的专色和其他网点印刷的颜色有叠印区域，就必须对专色加网的角度进行设计和修改。此时，如果专色网点的加网角度与其他颜色加网角度形成的夹角小于30°，会出现撞网并产生龟纹；如果角度相互重叠，则会导致油墨叠印率下降，这些都将造成印刷品颜色的失真。专色的加网角度在软件中一般预设为45°，若图像是一个多色调影像或者是既有四色印刷又有专色，或者是有两个以上的专色，在分色加网时，专色都会以45°角度输出，所以在对专色使用浅色时，如果有可能和其他颜色叠印，则需要对专色加网角度进行修改。

③专色的陷印处理。专色不同于四色印刷，通过叠印产生间接色，由于专色油墨的不透明性，通常不会以两个专色的叠印产生间接色，而是采用让空处理以让出下层图像的图形对象。如果在专色旁边有其他颜色，就要考虑做适当的陷印处理，防止漏白现象的出现。

如图 4 – 15（a）为专色（A）和专色（B）重叠印刷，如果直接叠印效果为图 4 – 15（b），叠印处为深海蓝色；若让空印刷效果为图 4 – 15（c），表现为专色效应；但是在实际印刷中，容易产生漏白现象，需要做适当的补漏白处理，如图 4 – 15（d）所示。

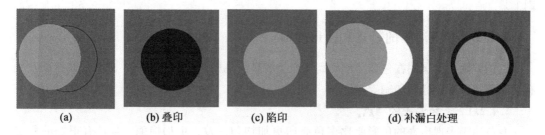

| (a) | (b) 叠印 | (c) 陷印 | (d) 补漏白处理 |

图 4 – 15 专色的陷印和叠印

④专色向四色印刷的转移。在分色时，当专色与 CMYK 四色印刷合并时，软件自动将专色分解为 CMYK 分量。但要注意，专色色库中的颜色色域大部分比 CMYK 四色印刷的颜色色域宽，所以在专色的转换过程中，有些专色是无法复制的，会丢失颜色信息。

⑤印刷色序。CMYK 四色印刷的色序是由彩色图像的内容特征和其他工艺因素决定的，专色应该四色套印结束后印刷。如果图像文件中含有多个专色版，则应该按照它们在通道板上的排列顺序进行印刷。

4.4.3 颜色匹配系统

目前，印刷行业的油墨分为两大类，专色油墨（Spot Color Ink）和四色油墨（Process Color Ink）。现行世界上流行的印刷油墨有三大体系，美洲标准、亚洲标准和欧洲标准。专色油墨有较多标准，PANTONE、DIC 及 Toyo Ink 等，再细分有一般专色、荧光色和金属色。

所谓颜色匹配系统，实际上就是某一个标准的色标库，它是由专业公司提供构成的通用标准色标系统，每一个标准色标系统都有自己的专用名称，它们与专色运用的联系非常密切，为用户提供一系列预定义的颜色。这些色标体系有以下分类划分形式：

①CMYK 四色系列。它是描述 CMYK 三原色的色标系统，如 PANTONE Process Color System 等。

②专色系列。它是描述专色油墨的标准色标系统，如 PANTONE Formula Guide 等。

③色标系统的管理机构。最常见的有如 PANTONE、Toyo Ink 等。

目前大多数平面设计软件中，都配有上述这些常用的各类颜色表述系统可供选择使用，但在实际设计配色时，使用哪一个颜色系列是由印刷时所选用的油墨系列来决定。

4.4.3.1　PANTONE 系统

Pantone 公司是被 X – Rite 收购的全资子公司，是一家以专门开发和研究色彩而闻名全球的权威机构，也是色彩系统和领先技术的供应商，提供许多行业专业的色彩选择和精确的交流语言，也成为全球油墨行业色彩精确传播和再现的标准色彩语言。其印刷油墨主要包含以下子系统：

①PANTONE Process Color System 色标以及指南提供了一种具有 3000 多种色彩的综合色库，可以用 CMYK 四色叠印处理印刷。所有的颜色都基于四色油墨所能产生的色彩去规范。

②PANTONE solid to process guide 是将一种专色与 CMYK 四色叠印中最为接近的匹配色相比较，采用这样一组 CMYK 数据模拟专色，并且可以在计算机显示器、输出装置或者印刷机上获得。

③PANTONE formula guide 包括了 1114 种专色（含有光面铜版纸，胶版纸和亚面铜版纸版本），每种色标都有相应的编号和所配置油墨的组合。

④PANTONE Hexachrome Color System（高保真六色色彩系统）是为高保真色彩（Hi – Fi Color）而设计的六色超高质量印刷配色，由 CMYK 四色加入专色橙和专色绿合成，可以复制许多种更为明亮的持久色图像，模拟出比标准四色叠印更为逼真的亮色。这个系统可以达到 95% PANTONE 专色效果。

4.4.3.2　TRUMATCH 系统

数字印前技术允许用少于 1% 的网点增量来指定色彩，这样设计者可以使用更多的颜色进行创作。TRUMATCH 是为了上述原因而设计的配色系统，提高色彩规范精度。它提供了可预测的 CMYK 颜色，这些颜色能与 2000 多种可实现的、计算机产生的颜色相匹配。

4.4.3.3　FOCOLTONE 系统

Focoltone 由 763 种 CMYK 颜色组成。通过显示补偿颜色的压印，有助于降低补漏白的需求和四色套印的对齐问题。Focoltone 提供带印刷和专色规格的色标库、压印表和用于标出排版的雕版库。

4.4.3.4　DIC 及 Toyo Ink 系统

这两套配色系统都是配合日本油墨公司（DIC）和东洋油墨公司（TOYO INK）而设计的专色的配色系统，在日本较为流行。

第5章　灰度变换与色彩校正

数字图像的色彩校正是对图像进行阶调调整和色彩平衡调整的过程。灰度变换则是图像彩色校正的基础，任何彩色调整的方法都离不开灰度变换，但表现形式可以不同。灰度变换是图像增强手段之一，它可使图像动态范围加大，使图像对比度扩展，图像更加清晰，特征更加明显。

5.1　基本概念

5.1.1　阶调与色调

阶调与层次来源于颜色差异，阶调与层次的复制状况决定了图像中各种颜色之间的关系是否协调。在图像印刷复制中，阶调与层次是评价印刷品质量的一个重要指标，它是对图像的色调和明度二维变化的总度量。

5.1.1.1　阶调

在图像复制技术中，我们常用 tone 来称呼阶调，用来描述一种颜色区别于另一种颜色的特征，也可以是颜色种类或明暗程度。当图像的大部分像素都偏向于品红色和黄色时，称这样的图像为暖色调图像。因此，可以看出阶调是较为侧重对图像整体情况的描述，像我们常说的"阶调分布"是指图像中各种不同明暗等级的统计分布状况；"阶调长短"是指图像最亮和最暗阶调值所构成的范围；"高调人物"是指整体上十分明亮的人物肖像等。在国家标准 GB9851.1 - 2008《印刷技术语 第 1 部分：基本术语》中对阶调的解释为：图像明暗或颜色深浅变化的视觉表现。

图像的最大阶调范围是由其最亮与最暗的明暗等级决定的。一般可以将图像阶调因其明暗差异分为极高光、高调、中间调和暗调四部分。如图 5 - 1 所示。

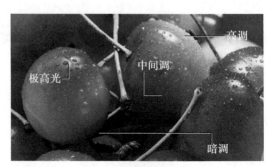

图 5 - 1　阶调实例图

其中，亮调是指高亮度颜色构成的阶调，也就是图像中最亮的部分，在加网图像中，高调部分没有黑点（网点）或存在最小的黑点。在数值上它在灰度等级240附近的一个范围内。极高光一般是图像中小面积区域，由极其明亮的颜色构成，它是为了突出图像中特别明亮的部分，而从亮调中划出来的区域，对于RGB图像来说，它的灰度值几乎达到255，是一个很小的范围。中间调是中等明亮程度的颜色形成的阶调，一般其构成了图像的主要部分，代表图像内的大部分区域。在灰度等级为256级的情况下，其数值范围应该在127左右的一个较大范围内。暗调则是指由明暗程度很低的颜色构成的阶调，即图像中很暗的部位，一般为灰度等级12附近的一个范围内。

5.1.1.2 色调

色调专指构成彩色图像主色的明暗程度，而最终呈现出来的颜色与各主色成分的明暗程度有着很大的关系。一幅绘画作品虽然用了多种颜色，但颜色总体有一种倾向，是偏蓝或偏红，是偏暖或偏冷等，这种颜色上的倾向就是一幅绘画的色调。通常可以从色相、明度、冷暖、纯度4个方面来定义彩色图像的色调。

色调是某一光谱分量的强弱程度，而阶调则是颜色间的差异，所以，可以说阶调是从整体出发，而色调则是对局部的研究，彩色图像阶调表现的正确与否很大程度上取决于各主色成分的色调表现。

5.1.2 直方图

直方图可将当前图像上的色彩和灰度以分布图的形式呈现出来，提供了色彩和亮度的统计资料，可以了解图像中各灰度等级的分布状况，查看颜色的分布情况，以便对图像进行分析。

直方图是以图形方式表示图像中每一灰度等级的像素数，用来表达图像灰度分布状态的统计图表。

设：数字图像的像素总数为 n，灰度等级为 $[0, L-1]$ 范围的直方图是离散函数：

$h(r_k) = n_k$，r_k 是第 k 级灰度，n_k 是图像中灰度等级为 r_k 的像素个数，则归一化直方图：

$$P(r_k) = n_k/n, \quad k = 0, 1, 2 \cdots L-1 \tag{5-1}$$

归一化的直方图所有部分之和应等于1。

直方图的横轴按灰度等级从低到高的次序排列，纵轴为图像中具有某一灰度值的像素的数目，即各灰度等级的出现频率。我们注意到在暗调图像中，图像的像素主要分布在直方图的左侧；亮调图像的像素主要集中在直方图的右侧；低对比度图像的像素主要分布在直方图的中部；而高对比度的图像中，直方图的成分覆盖了灰度级很宽的范围。如图5-2所示。所以，可以从直观上得出结论，若一幅图像的像素占有全部可能的灰度等级并且分布均匀，则这是一幅阶调丰富且灰度分布的动态范围被充分利用的数字图像。

直方图是多种图像处理技术的基础，直方图的操作能有效地用于图像增强，可以判断原稿数字化参数的合理性，分析数字图像的阶调分布特点，作为颜色校正的依据。但是，直方图的形态与像素位置无关，从直方图上无法了解图像的形状，也不能了解图像的结构特征。

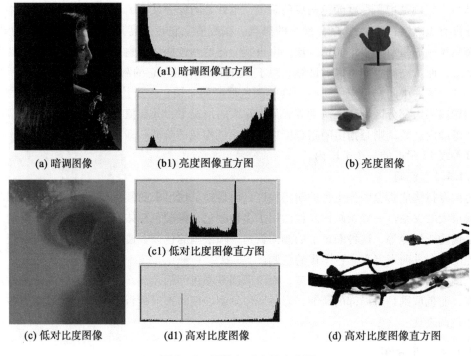

(a) 暗调图像　　(a1) 暗调图像直方图　　(b) 亮度图像

(b1) 亮度图像直方图

(c) 低对比度图像　　(c1) 低对比度图像直方图

(d1) 高对比度图像　　(d) 高对比度图像直方图

图 5 - 2　　图像与对应的直方图

5.2　图像的运算

　　图像的基本运算是图像处理中常用的方法，是图像高级处理（如图像分割、目标检测和识别）的前期处理，主要包括点运算、逻辑运算、代数运算、几何运算以及邻域运算。

5.2.1　点运算

　　点运算是图像处理中最基本的运算，可以理解为像素到像素的运算。点处理常运用于改变图像的灰度范围及分布，从而改善和提高图像的质量。

5.2.1.1　点运算的定义

　　点运算根据图像每一个像素的原灰度值按确定的运算规则来产生新的灰度值，变换结果取决于点运算规则，即灰度变换函数 f。图像的新灰度值仅仅依赖于原像素灰度值的大小，而与周围像素的灰度值没有关系，即原像素灰度值与新像素灰度值间是单独相关的，所以点处理算法通常是可逆的。

$$B(x, y) = f[A(x, y)] \qquad\qquad (5-2)$$

5.2.1.2　点运算的种类

　　点运算可以分为线性点运算和非线性点运算，下面分别进行介绍。

（1）线性点运算

当灰度变换函数 f 为线性的，此时的运算称为线性点运算，即：

$$B = f(A) = \alpha A + \beta \tag{5-3}$$

显然，当 $\alpha = 1$，$\beta > 0$ 时，原图像不发生变化；当 $\alpha = 1$，$\beta \neq 0$ 时，图像灰度值增加，亮度增强；当 $\alpha > 1$ 时，输出图像的对比度增强；当 $0 < \alpha < 1$ 时，降低输出图像的对比度；当 $\alpha < 0$ 时，图像亮度区域变暗，暗调区域变亮。

（2）非线性点运算

当灰度变换函数 f 为非线性的，此时的运算称为非线性点运算。引入非线性点运算主要考虑到在数字成像时，由于成像设备本身可能的非线性失衡，需要对其校正，强化部分灰度区域的信息。若其变化为如下公式：

$$f(A) = A + \alpha \times A \times (\max(A) - A) \tag{5-4}$$

其中 $\alpha > 1$，则上述函数把图像中间调的对比度拉大，而暗调和亮调的灰度变化很小。

$$f(A) = \frac{\max(A)}{2}\left\{1 + \frac{1}{\sin\left(\frac{\pi}{2}\alpha\right)}\sin\left[\alpha\pi\left(\frac{A}{\max(A)} - \frac{1}{2}\right)\right]\right\} \tag{5-5}$$

式（5-5）的效果和式（5-4）的效果是相同的。而式（5-6）的效果恰好与前两个相反。

$$f(A) = \frac{\max(A)}{2}\left\{1 + \frac{1}{\tan\left(\frac{\pi}{2}\alpha\right)}\tan\left[\alpha\pi\left(\frac{A}{\max(A)} - \frac{1}{2}\right)\right]\right\} \tag{5-6}$$

5.2.1.3 点处理和直方图

为了使点处理技术与图像直方图关联起来，在已知输入图像的直方图和灰度变换函数的情况下，预测输出图像直方图就变得十分的重要。其实，点处理和图像直方图关联的主要问题在于直方图的预测的可行性上，如果能成功地得到输出图像的直方图形态，则可以按直方图分布设计点处理运算方法，使输出的灰度等级范围按一定的运算法则变换到所需要的程度，或是形成的特定直方图分布，从而以图像直方图为判断基础，确定图像。此外预估灰度变换导致的直方图变换有助于更深入的理解点处理对一幅图像所产生的效果，这对灰度变换的方法设计是非常有用的。

5.2.1.4 直方图均衡化

直方图均衡化就是把一已知灰度概率分布的图像经过一种变换，使之演变成一幅具有均匀灰度概率分布的新图像。它是以累积分布函数变换法为基础的直方图修正法，以概率理论做基础，运用灰度点运算来实现直方图的变换，从而达到图像增强的目。

对图像 $A(x, y)$ 灰度范围为 $[0, L]$，其图像的直方图为 $H_A(r)$，图像 A 的总像素数为：

$$A_0 = \int_0^L H_A(r)\, dr \tag{5-7}$$

做归一化处理，概率密度函数为：

$$P(r) = \frac{H_A(r)}{A_0} \tag{5-8}$$

概率分布函数为：

$$P(r) = \frac{1}{A_0}\int_0^L H_A(r)\, dr \tag{5-9}$$

设变换：$s = T(r)$ 为斜率有限的非减连续可微函数，它将输入图像 $A(x, y)$ 转换为输出

图像 $B(x,y)$ 输入图。如图 5-3 所示。输入图像的直方图为 $H_A(r)$，输出图像的直方图为 $H_B(s)$，两者之间的关系可由如下过程导出。

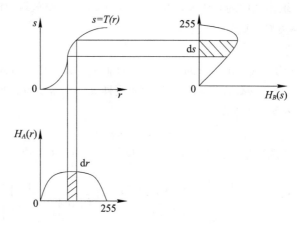

图 5-3 直方图均衡化变换

根据直方图的含义，经过灰度变换后对应的小面积元相等，则

$$H_B(s)\mathrm{d}s = H_A(r)\mathrm{d}r \tag{5-10}$$

解得：

$$H_B(s) = \frac{H_A(r)}{\dfrac{\mathrm{d}s}{\mathrm{d}r}} = \frac{H_A(r)}{T'(r)} \tag{5-11}$$

其中：$T'(r) = \mathrm{d}s/\mathrm{d}r$

所以，当 H_B 的分子分母只差一个比例常数时，H_B 就恒定。即，

$$T'(r) = \frac{C}{A_0}H_A(r) \tag{5-12}$$

由此可得：

$$s = T(r) = \frac{C}{A_0}\int_0^L H_A(r)\ \mathrm{d}r = CP(r) \tag{5-13}$$

为了使 s 的取值范围为 $[0,L]$，令：$C=L$，由此得到，使直方图均衡化的灰度变换函数是概率分布函数。

在离散情况下，一幅像素总数为 n 的图像中灰度级 r_k 出现的概率近似为：

$$P(r_k) = \sum_{i=0}^{k} \frac{n_i}{n} \tag{5-14}$$

则变换函数公式（5-13）的离散形式为：

$$s_k = T(r) = CP(r_k) \tag{5-15}$$

可重新分配图像中像素的亮度值，使它们能更均匀地表现所有的亮度等级，当输入的图像比原稿暗、比原稿亮或像素值集中在整个灰度分级的中间部分，或是数字摄影图像太暗、太亮或像素值集中在整个灰度等级的中间部分，此时便可以用直方图均衡化的命令来处理，得到灰度或色调分布更合理的图像，与原稿更接近。但在直方图均衡化的过程中，原来直方图上频率较小的灰度等级被归入很少几个或一个灰度等级内，因此会丢失这些细节。

下面通过例子来说明直方图均衡化处理的过程。

例1：假设原始图像直方图数据见表 5-1。图像为 64 像素 ×64 像素，8 级灰度等级。

表 5-1　原始图像直方图数据

r_k	n_k	$P(r_k) = \sum\limits_{i=0}^{k} \dfrac{n_i}{n}$
$r_0 = 0$	690	0.17
$r_1 = 1/7$	1023	0.25
$r_2 = 2/7$	790	0.19
$r_3 = 3/7$	717	0.18
$r_4 = 4/7$	329	0.08
$r_5 = 5/7$	245	0.06
$r_6 = 6/7$	122	0.03
$r_7 = 1$	180	0.04

由变换函数公式（5-15）得到对应的灰度等级：

$$s_0 = T(r) = CP(r_k) = \sum_{i=0}^{0} \frac{n_i}{n} = 0.17$$

$$s_1 = \sum_{i=0}^{1} \frac{n_i}{n} = 0.17 + 0.25 = 0.42$$

依此类推，

$$s_2 = 0.61$$
$$s_3 = 0.79$$
$$s_4 = 0.87$$
$$s_5 = 0.93$$
$$s_6 = 0.96$$
$$s_7 = 1$$

因为图像只有 8 个灰度等级，所以变换后的 s 值就近选择最靠近的一个灰度等级。由此得到新的灰度等级为：$s_0 \approx 1/7$；$s_1 \approx 3/7$；$s_2 \approx 4/7$；$s_3 \approx 6/7$；$s_4 \approx 6/7$；$s_5 \approx 1$；$s_6 \approx 1$；$s_7 \approx 1$。从上述数值可见，8 个灰度等级的原图像，通过均衡化后只有 5 个不同的灰度等级，但图像像素总数并未发生改变。

均衡化后的直方图数据见表 5-2。

表 5-2　原始图像均衡化后直方图数据

$r_k \rightarrow s_k$	n_k	$P(s_k)$
$r_0 \rightarrow s_0 = 1/7$	690	0.17
$r_1 \rightarrow s_1 = 3/7$	1023	0.25
$r_2 \rightarrow s_2 = 4/7$	790	0.19
r_4、$r_3 \rightarrow s_3 = 6/7$	1046	0.26
r_7、r_6、$r_5 \rightarrow s_4 = 1$	547	0.13

例2：利用 Matlab 对图像作直方图均衡化变换。

$A = \text{imread}('f: \backslash \text{matlab} \backslash \text{duck}. \text{jpg}')$;

$\text{figure}(1)$, $\text{imshow}(A)$;

$\text{figure}(2)$, $\text{imhist}(A, 256)$;

$B = \text{histeq}(A)$;

$\text{figure}(3)$, $\text{imshow}(B)$;

$\text{figure}(4)$, $\text{imhist}(B, 256)$;

结果如图 5 - 4 所示。

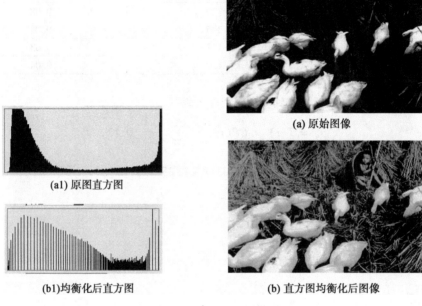

(a1) 原图直方图

(b1) 均衡化后直方图

(a) 原始图像

(b) 直方图均衡化后图像

图 5 - 4　直方图均衡化

5.2.1.5　直方图匹配

直方图匹配又称直方图规定化，是指将一幅图像的直方图变换成规定形状的直方图而进行的图像增强方法。将图像的直方图以参考图像的直方图为标准做变换，使两图像的直方图相同或近似相同，从而使两幅图像具有类似的色调和反差。直方图匹配的目的就是通过选择不同的匹配对象对一定灰度级范围内的图像进行有目的的增强，以突出其重点，达到要求的效果。通常使用的转换方法如图 5 - 5 所示。

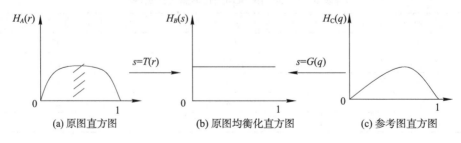

(a) 原图直方图　　　　　(b) 原图均衡化直方图　　　　(c) 参考图直方图

图 5 - 5　直方图匹配

设原始输入图像 $A(x, y)$ 的直方图为 $H_A(r)$，$s = T(r)$ 为直方图均衡化变换函数，它将输入图像 $A(x, y)$ 转换为输出图像 $B(x, y)$，输出图像的直方图为 $H_B(s)$，目标参考图像 $C(x, y)$，其图像直方图为 $H_C(q)$。图像直方图规定化实施的方法是：对两个直方图都做均衡化，变成相同的归一化的均匀直方图，并以此均匀直方图为媒介，再对参考图像做均衡化的逆运算。

假设 r 和 q 被归一化到区间 [0, 1]，且 0 表示黑色，1 表示白色，则均衡化变换函数 $T(r)$ 和 $G(q)$ 均满足以下条件：

①$T(r)$ 和 $G(q)$ 在区间 $0 \leqslant r$，$q \leqslant 1$ 中单调递增且为唯一值；

②当 $0 \leqslant r$，$q \leqslant 1$ 时，$0 \leqslant T(r) \leqslant 1$，$0 \leqslant G(q) \leqslant 1$；

则由此可以得到：

$$q = G^{-1}(s) = G^{-1}(T(r)) \tag{5-16}$$

实现直方图匹配或直方图规定化处理。

例3：利用 Matlab 对图像做直方图规定化处理，给定的直方图如图 5-6 所示。

A = imread('pout. tif');

imshow(A)

figure(2), imhist(A, 256); title ('原图像直方图')

counts = [zeros(1, 49), 0.1, zeros(1, 49), 0.2, zeros(1, 49), 0.3, zeros (1, 49), 0.1, zeros(1, 49), 0.2, zeros(1, 49), 0.1];

B = histeq(A, counts);

figure(3), imshow(B);

 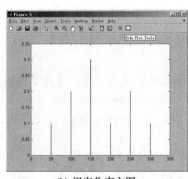 

(a) 输入的bmp图像   (b) 规定化直方图   (c) 规定化后图像

图 5-6　直方图匹配

图像直方图的均衡化和规定化处理方法是全局性，即图像像素是被基于整幅图像灰度满意度的变换函数所修改的。这种全局方法适用于整个图像的增强，但对图像小区域或细节的部分像素在全局的变换中可能会被忽略。解决的方法是对图像的每个像素确定一个区间邻域，在这个邻域中根据灰度等级的分布来设计变换函数。使得区域中的每一个像素的直方图都要被计算。通过不断移动更新数据，增强图像局部区域。但这样的处理也会带来不希望出现的模板痕迹。

5.2.2　图像的逻辑和算术运算

图像中的算术和逻辑运算主要以像素对像素为基础在两幅或多幅图像间进行（不包含逻

辑"非"运算，它是在单一图像中进行）的运算。

图像的逻辑操作是基于像素的运算，包含"与"、"或"、"非"逻辑算子的实现，这三种逻辑算子完全是函数化的，即其他的逻辑算子都可以由着三个基本算子来实现。但对灰度级图像进行逻辑运算操作时，主要是针对像素间的位操作，即像素值作为一个二进制字符串来处理。例如，对一个8bit的黑色像素值（00000000）进行"非"处理，就会到一个白色像素值（11111111）。逻辑"与"和逻辑"或"的操作通常用作模版，即通过模版操作可以从一幅图像中提取子图像。在"与"和"或"的图像模版中，亮的表示二进制码1，黑的表示二进制码0，模版处理有时可以作为一种感兴趣区域处理。就增强而言，模版主要用于分离要处理的区域，突出一个区域有别于图像的其他区域。

图像的算术运算是指图像像素之间的加减乘除四则运算，它在图像处理中有着广泛的运用。加法运算可以降低图像中的随机噪声；减法运算可以用来减去背景，进行运动检测，梯度运算；乘法用作掩膜运算；除法可以进行归一化处理。这种运算可以每次处理一个点，也可以并行处理全部的像素，在四种算术运算中，加法和减法运算在图像增强处理中最为有用，并且所有参与算术运算的图像必须具有相同的物理尺寸和像素。

5.2.2.1 加法运算

加法运算可以由两幅或两幅以上的图像参与运算，如果 $R(x, y)$ 表示相加后输出的图像，$A(x, y)$ 和 $B(x, y)$ 表示参与运算的两幅输入图像。则图像相加可以表示为：

$$R(x, y) = A(x, y) + B(x, y) \quad\quad (5-17)$$

考虑到像素相加后，像素值可能超过255，且由于相加运算使得图像变亮，因此需要对出现的两种情况做适当调整。设调整因子分别为 S 和 D，则公式（5-17）可变为：

$$R(x, y) = \frac{1}{S}[A(x, y) + B(x, y)] + D \quad\quad (5-18)$$

其中：S 为比例系数，取值与参与运算的图像目有关；D 为偏移调整，取值在 [-255, 255] 区间。

加法运算主要作用于产生图像的叠加效应和消除叠加性噪声。

（1）叠加效应

对于两幅图像 $f(x, y)$ 和 $h(x, y)$ 均值有如下公式：

$$g(x, y) = \frac{1}{2}f(x, y) + \frac{1}{2}h(x, y) \quad\quad (5-19)$$

则会得到图像二次曝光的效果。对上述公式，给出一般情况有：

$$g(x, y) = \alpha f(x, y) + \beta h(x, y) \quad\quad (5-20)$$

其中：$\alpha + \beta = 1$，则我们可以获得任意图像的合成效果和图像的衔接。

（2）图像的平均处理

图像的加法主要用于对同一场景的多幅做图像平均处理，以便有效地降低具有叠加性质的随机噪声，这是在遥感图像中为了增强图像清晰度去除噪声经常采用的手段。

对于原图像 $f(x, y)$，有一个含有噪声的图像集：

$$\{g_i(x, y)\}, \; i = 1, 2, \cdots N \quad\quad (5-21)$$

其中：

$$g_i(x, y) = f(x, y) + h_i(x, y)$$

假如对 M 幅不同的噪声图像取平均形成图像为 $\bar{g}(x, y)$，在一般情况下，图像中的噪声是加性噪声互不相关且均值为零，则有：

$$\frac{1}{M} \sum_{i=1}^{M} h_i(x, y) = 0 \qquad (5-22)$$

则对 M 幅图像平均后，得到：

$$\bar{g}(x, y) = \frac{1}{M} \sum_{i=1}^{M} [f_i(x, y) + h_i(x, y)] \qquad (5-23)$$

对于无噪声原始图像 $f(x, y)$ 而言，满足：

$$\frac{1}{M} \sum_{i=1}^{M} f_i(x, y) = f(x, y) \qquad (5-24)$$

则：

$$\bar{g}(x, y) \approx f(x, y) + \frac{1}{M} \sum_{i=1}^{M} h_i(x, y)$$

$$= \frac{1}{M} \sum_{i=1}^{M} g_i(x, y) \qquad (5-25)$$

可以证明，对 M 幅图像求平均后可以使噪声降低到 $1/M$。如果参与的图像越多，那么 $f(x, y)$ 就越接近于 $\bar{g}(x, y)$。

5.2.2.2　减法运算

图像的差异是通过计算两幅图像所有的对应像素的差所得。考虑到计算结果可能出现负值，因而需要调整计算结果。例如，取差值的绝对值，或者将负数取值为 0。减法最重要的就是增强两幅图像的差异，检测同一场景中两幅图像之间的变化。主要有以下应用。

（1）去除不需要的叠加性背景

在进行图像处理时，往往为了要突出所研究的对象而需要清除图像背景，例如，在显微镜下观察生物的组织切片，若观察物太小，显微镜本身的光学系统所带来的影响就非常明显，去除背景效果，能够去除部分系统影响，突出观察物体本身。获取物体的显微镜图像 $f(x, y)$ 后，移去观察物体在获得空白区域的图像 $h(x, y)$，则两幅图像相减就可以获得仅有观察物的图像。

$$g(x, y) = f(x, y) - h(x, y) \qquad (5-26)$$

其中，$g(x, y)$ 即为除去了背景的图像。

（2）运动检测

运动检测是指检测出行动中的运动物体。例如，在图像序列中跟踪（分隔）行驶的车辆，减法处理去掉图像中静止的部分，剩余的是图像移动中的运动元素和加性噪声。

（3）梯度图像

在一幅图像中，灰度变化大的区域的梯度值大，是图像内某对象的边界。因此，求出图像的梯度就能得到区域边界。

例 4：用减法运算去除图像背景

```
A = imread('rice. png');
figure(1), imshow(A), title ('原图像');
background = imopen(A, strel ('disk', 15));
figure(2), imshow(background), title ('背景图像');
B = imsubtract(A, background);
figure(3), imshow(B, [ ]), title ('除去背景图像');
```

运算结果如图 5-7 所示。

(a) 原图像　　　　　　　　(b) 背景图像　　　　　　　(c) 除去背景图像

图 5－7　相减运算

5.2.2.3　图像乘法

图像乘法的主要作用是对图像进行掩膜操作，可以用来遮掉图像中的某些部分。经常采用的手段是设计一个掩膜图像，在相应原图像需要保留的部分设掩膜图像的值为 1，而在需要抑制的部分设掩膜图像的值为 0。用掩膜图像乘以原图像就可以遮掉图像中的某些区域。

$$C(x, y) = A(x, y) \times B(x, y) \tag{5-27}$$

5.2.2.4　图像除法

图像的相除又称为比值处理，是遥感测绘领域常常使用的图像处理。它可以用来校正由于照明或传感器的非均匀性而造成的图像灰度阴影，还被用于产生比率图像，这对于多光谱图像的分析是十分有用的。利用不同时间段图像的除法得到的比率图像，经过比值处理后的图像扩大差异，有利于识别对象，常常用来对图像进行变化检测。

$$C(x, y) = \frac{A(x, y)}{B(x, y)} \tag{5-28}$$

5.2.3　几何运算

在图像的获取或显示过程中往往会产生几何失真。由成像系统引起的几何畸变的校正有两种方法，一种是预畸变法，这种方法是采用与畸变相反的非线性扫描偏转法，用来抵消预计的图像畸变。另一种是所谓的后验校正方法。这种方法是用多项式曲线在水平和垂直方向，拟合每一畸变的网线，然后求反变化的校正函数。

图像的几何运算主要是对图像进行几何校正的运算过程。图像几何变换有两个基本操作组成：①空间变换，它定义了图像平面上像素的重新安排，即通过某一个变换关系来描述图像中每一个像素如何从起始位置移动到目标位置，从而导致图像数据排列方式的改变。②灰度级插值，它处理空间变换后图像中像素灰度等级的赋值，其结果不仅是改变了图像数据的排列方式，同时也改变了图像的数据量。图像的灰度插值计算和空间变换是两个相互独立的计算过程，主要应用于图像复原技术中。

5.2.3.1　空间变换

假设一幅图像 f，像素坐标 (x, y)，经过几何失真产生一幅图像 g，像素坐标为 (x', y')。这个变换可以表示为：

$$\begin{cases} x' = r(x, y) \\ y' = s(x, y) \end{cases} \tag{5-29}$$

这里 $r(x, y)$ 和 $s(x, y)$ 是空间变换，产生了几何失真的图像 $g(x', y')$。例如，如果：$x' = 2x$，$y' = 2y$，则图像只是简单地在两个空间方向上放大了 2 倍。

如果 $r(x, y)$ 和 $s(x, y)$ 在解析分析中是已知的，理论上可以用相反的变换，从失真的图像 $g(x', y')$ 中复原原来的图像 $f(x, y)$。然而，在实践中要公式化求出 $r(x, y)$ 和 $s(x, y)$ 是非常困难的。最常用的校正方法就是将图像网格化，用每个网格的"连接点"表达像素空间的重新定位，这些像素在输入图像（失真）和输出图像（校正）中的位置是精确并且灰度值是已知的，如图 5-8 所示。

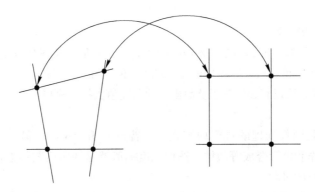

图 5-8 网络连接点

假设四边形区域中的几何变形过程用双线性方程建模，即：

$$\begin{cases} r(x, y) = c_1 x + c_2 y + c_3 xy + c_4 \\ s(x, y) = c_5 x + c_6 y + c_7 xy + c_8 \end{cases} \quad (5-30)$$

即：

$$\begin{cases} x' = c_1 x + c_2 y + c_3 xy + c_4 \\ y' = c_5 x + c_6 y + c_7 xy + c_8 \end{cases} \quad (5-31)$$

因为有 8 个已知点，这些方程可以求出 c_i 的 8 个系数，这些系数构成了用于变换四边形区域内所有的像素的几何失真模型。只要有足够多的"连接点"，就可以产生足够覆盖图像的四边形集，校正图像就不是难事了。

特殊且常用的空间变换有以下几种。

图像从一个位置平移到另一位置，或看作坐标原点移到 (x_0, y_0)：

$$\begin{bmatrix} r(x, y) \\ s(x, y) \\ 1 \end{bmatrix} = \begin{bmatrix} 1 & 0 & x_0 \\ 0 & 1 & y_0 \\ 0 & 0 & 1 \end{bmatrix} \begin{bmatrix} x \\ y \\ 1 \end{bmatrix} \quad (5-32)$$

①图像在 x 方向放大 c 倍，在 y 方向放大 d 倍：

$$\begin{bmatrix} r(x, y) \\ s(x, y) \\ 1 \end{bmatrix} = \begin{bmatrix} c & 0 & x_0 \\ 0 & d & y_0 \\ 0 & 0 & 1 \end{bmatrix} \begin{bmatrix} x \\ y \\ 1 \end{bmatrix} \quad (5-33)$$

②图像绕原点逆时针旋转 θ 角度：

$$\begin{bmatrix} r(x, y) \\ s(x, y) \\ 1 \end{bmatrix} = \begin{bmatrix} \cos \theta & -\sin \theta & x_0 \\ \sin \theta & \cos \theta & y_0 \\ 0 & 0 & 1 \end{bmatrix} \begin{bmatrix} x \\ y \\ 1 \end{bmatrix} \quad (5-34)$$

③透视变换:

$$\begin{cases} r(x,\ y) = \dfrac{a_{11}x + a_{12}y + a_{13}}{a_{31}x + a_{32}y + a_{33}} \\ s(x,\ y) = \dfrac{a_{21}x + a_{22}y + a_{23}}{a_{31}x + a_{32}y + a_{33}} \end{cases} \tag{5-35}$$

其中, a_{ij} 为指定的变换系数, 且 $\begin{vmatrix} a_{11} & a_{12} & a_{13} \\ a_{21} & a_{22} & a_{23} \\ a_{31} & a_{32} & a_{33} \end{vmatrix} \neq 0$。

5.2.3.2 灰度级插值

从上述空间变换可知, 失真图像 g 是数字的, 它的像素值定义在整数坐标, 设坐标 (x, y) 通过空间变换 $r(x, y)$ 和 $s(x, y)$ 得到的复原图像 f 的坐标 (x', y') 是可能非整数的, 在这些位置没有灰度定义, 所以有必要基于整数坐标的灰度值去推断哪些位置的灰度值, 这一过程称为灰度插值计算。

图像灰度插值是图像处理的重要内容之一, 普遍应用于军事、航空、医学、通讯、气象、遥感、动画制作和电影合成等领域。图像灰度插值就是利用已知邻近像素的灰度值来产生未知像素的灰度值的过程。

目前已经提出了很多实现灰度插值的算法。传统的插值算法侧重于图像的平滑, 从而取得更好的视觉效果。但这类方法在保持图像平滑的同时, 常常容易导致图像的边缘模糊。而图像的边缘信息是影响视觉效果的重要因素, 同时也是目标识别与跟踪、图像匹配等图像处理问题的关键因素。因此, 基于边缘的插值技术成为近年来研究的热点。同样是为了保持图像的边缘信息, 近年来又出现了一些基于区域一致性的图像插值算法。

（1）最近邻域法插值

最近邻域法插值算法是最简单的插值算法, 也叫零阶插值法。即选择离它所映射到的位置最近的输入像素的灰度值为插值结果。即二维图像取待测样点周围 4 个相邻像素中欧氏距离最近的 1 个相邻点的灰度值作为待测样点的像素值。若几何变换后输出图像上坐标为 (x', y') 的对应位置为 (m, n), 则如图 5-9 所示。

设像素 (i, j) 和像素 (m, n) 间的欧氏距离为 D, $D[(i, j), (m, n)] \geqslant 0$, 当且仅当 (i, j) 和 (m, n) 重合时, 有 $D[(i, j), (m, n)] = 0$。则像素 (m, n) 与四个像素的最近距离可由式 (5-36) 得到。

图 5-9 映射点 (m, n) 在插值前图像中的位置

$$D[(m, n), (x, y)] = \min\{D[(m, n), (i, j)],\ D[(m, n), (i+1, j)], \\ D[(m, n), (i+1, j+1)],\ D[(m, n), (i, j)+1]\} \tag{5-36}$$

由此可以得到与点 (m, n) 最近的像素的坐标 (x, y), 则复原图像 f 的插值点的灰度值为:

$$f(m, n) = g(x, y)$$

其中: $g(x, y) \in \{g(i, j),\ g(i, j+1),\ g(i+1, j+1),\ g(i+1, j)\}$。

用最近邻域法插值计算像素灰度值的运算速度快, 线条边缘清晰, 但极易产生锯齿现象, 具有丰富阶调和颜色变换的图像是不宜采用该算法计算差指点灰度值。

（2）双线性插值

双线性插值算法双线性插值又叫一阶插值法，它要经过三次插值才能获得最终结果，是对最近邻插值法的一种改进，先对两水平方向进行一阶线性插值，然后再在垂直方向上进行一阶线性插值的过程。

设以点 $P(u, v)$ 表示几何变换后输出图像上坐标为 (x', y') 的对应位置，位于(i, j)、$(i+1, j)$、$(i+1, j+1)$ 和 $(i, j+1)$ 组成的四点邻域内，由于双线性插值计算将在四个像素内进行，因此将这四个像素组成的坐标系视为局部坐标系，而 $0 \leqslant u, v \leqslant 1$。如图5－10所示。

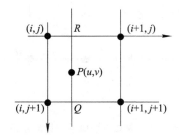

图5－10　映射点（u, v）的三次插值

水平方向的插值分别为：
$$f(R) = f(i, j) + u[f(i+1, j) - f(i, j)] \tag{5-37}$$
$$f(Q) = f(i, j+1) + u[f(i+1, j+1) - f(i, j+1)] \tag{5-38}$$
垂直方向的插值有：
$$\begin{aligned} f(P) &= f(R) + v[f(Q) - f(R)] \\ &= f(i, j) + u[f(i+1, j) - f(i, j)] + \\ &\quad v\{[f(i, j+1) + u[f(i+1, j+1) - f(i, j+1)]] - \\ &\quad [f(i, j) + u[f(i+1, j) - f(i, j)]]\} \end{aligned} \tag{5-39}$$
所以复原图像 f 的插值点的灰度值为：
$$\begin{aligned} f(u, v) &= f(i, j) + u[f(i+1, j) - f(i, j)] + v[f(i, j+1) - f(i, j)] + \\ &\quad uv[f(i+1, j+1) + f(i, j) - f(i+1, j) - f(i, j+1)] \end{aligned} \tag{5-40}$$

与最邻近插值相比，双线性插值法运算量仅有少量提高，但放大效果有了明显改善，在实际中对图像质量要求不高的情况下，应用很广泛。改进了最近邻域插值的缺陷，不会出现灰度不连续的缺点。但由于这种算法具有低通滤波器的的性质，使图像内高频分量受损，可能会使图像轮廓在一定程度上变得模糊。

（3）立方卷积插值

立方卷积插值算法又叫双三次插值，是对双线性插值的改进，是一种较为复杂的插值方式。该算法利用待采样点周围 16 个点的灰度值作三次插值，它不仅考虑到周围四个直接相邻像素灰度值的影响，还考虑到它们灰度值变化率的影响，如图5－11所示。

三次运算可以得到更接近高分辨率图像的放大效果，但也导致了运算量的急剧增加。这种算法需要选取插值基函数来拟合数据，其最常用的插值基函数的数学表达式为：

$$s(x) = \begin{cases} 1 - 2|x|^2 + |x|^3 & \text{当 } |x| < 1 \\ 4 - 8|x| + 5|x|^2 - |x|^3 & \text{当 } 1 \leqslant |x| < 2 \\ 0 & \text{当 } |x| \geqslant 2 \end{cases} \qquad (5-41)$$

双立方插值公式如下：$f(u, v) = ABC$

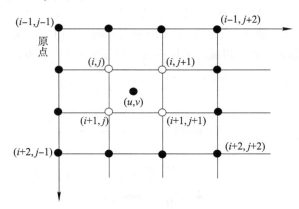

图 5 - 11　双立方插值系数计算示意图

其中：A、B、C 均为矩阵，其形式如下：

$$A = [\, s\,(1+u) \quad s\,(u) \quad s\,(1-u) \quad s\,(2-u)\,] \qquad (5-42)$$

$$B = \begin{bmatrix} f(i-1, j-2) & f(i, j-2) & f(i+1, j-2) & f(i+2, j-2) \\ f(i-1, j-1) & f(i, j-1) & f(i+1, j-1) & f(i+2, j-1) \\ f(i-1, j) & f(i, j) & f(i+1, j) & f(i+2, j) \\ f(i-1, j+1) & f(i, j+1) & f(i+1, j+1) & f(i+2, j+1) \end{bmatrix} \qquad (5-43)$$

$$C = [\, s(1+v) \quad s(v) \quad s(1-v) \quad s(2-v)\,]^T \qquad (5-44)$$

　　双立方插值同样具有低通滤波性质，但程度上比双线性插值低，尽管运算工作量较大，但能克服最近邻域法插值的锯齿现象，比双线性插值保留了更清晰的边缘和细节。但对原来边缘清晰的图像，双立方插值却没有表现出优势。如图 5 - 12 所示。

(a) 最近邻域插值　　　　(b) 双线性插值　　　　(c) 双立方插值　　　　(d) 原图

图 5 - 12　三种插值计算比较结果

（4）基于边缘的图像插值算法

　　上述三种插值方法都属于常用的传统插值算法，为了图像平滑的视觉效果，而造成图像轮廓和边缘的模糊现象。为了克服传统方法的不足，近年来提出了许多边缘保护的插值方法，对插值图像的边缘有一定的增强，使得图像的视觉效果更好，边缘保护的插值方法可以分为两类：基于原始低分辨图像边缘的方法和基于插值后高分辨率图像边缘的方法。

对于前者，这类插值方法一般采用如图5-13所示的原理图，首先检测低分辨率图像的边缘，然后根据检测的边缘将像素分类处理，对于平坦区域的像素，采用传统方法插值；对于边缘区域的像素，设计特殊插值方法，以达到保持边缘细节的目的。

图5-13　基于原始低分辨率图像边缘的插值算法原理

后者这类插值方法一般采用如图5-14所示的原理图，首先采用传统方法插值低分辨率图像，然后检测高分辨率图像的边缘，最后对边缘及附近像素进行特殊处理，以去除模糊，增强图像的边缘。

图5-14　基于插值后高分辨率图像边缘的插值算法原理

（5）区域指导的图像插值算法

这类插值方法一般采用如图5-15所示的原理图，首先将原始低分辨率图像分割成不同区域，然后将插值点映射到低分辨率图像，判断其所属区域，最后根据插值点的邻域像素设计不同的插值公式，计算插值点的值。

图5-15　区域指导的图像插值算法原理

5.3　灰度变换技术

图像的灰度变换处理是图像增强处理技术中非常基础和直接的空间域图像处理方法。灰度变换是根据某种目标条件按照一定的变换关系逐点改变原图中每个像素灰度值的方法，目标是为了改善画质，使图像显示效果更加清晰。

灰度变换又被称为图像的对比度增强或对比度拉伸。例如，为了提高图像的整体清晰度或显示出图像的部分细节，需要将图像的整个范围灰度级或部分段灰度级（a，b）扩展或压缩到（a'，b'），增强图像对比度或图像中感兴趣的灰度区域，相对抑制那些不感兴趣的灰度区域。常用的灰度变换可分为线性变换和非线性变换。

5.3.1 线性灰度变换

在曝光不足或者曝光过度的情况下，图像灰度等级可能局限在很小的范围内，这将会产生一幅模糊的图像，我们可以用一个线性单值函数，对图像灰度范围做线性扩展，将有效改善图像的视觉效果。线性变换是常用的灰度变换方法，从数学角度考虑，如果变换函数是变换前数字图像灰度分布的单值函数，则无论采用何种形式的变换，均可以实现改变灰度分布的目标。

假设用横轴表示输入图像 $f(x, y)$，其灰度范围是 $[a, b]$；用纵轴表示输出图像 $g(x, y)$，其灰度范围是 $[g_0, g_L]$。经过变换后，原数字图像的灰度范围 $[a, b]$ 被延伸到 $[g_0, g_L]$，如图 5-16(a) 所示。则 $f(x, y)$ 与 $g(x, y)$ 之间存在以下关系：

$$g(x, y) = g_0 + \frac{g_L - g_0}{b - a}[f(x, y) - a] \qquad (5-45)$$

如果 $[g_0, g_L]$ 是数字图像量化后的变换范围，则该变换方法可补偿因扫描或其他原因造成的灰度层次的损失。图 5-16(b) 是变换前的图像直方图，图 5-16(c) 是变换后的直方图。图像中的像素总值是定数，由于灰度范围的延伸，灰度范围增加，直方图相对前者较为平坦，灰度分布更加均匀。

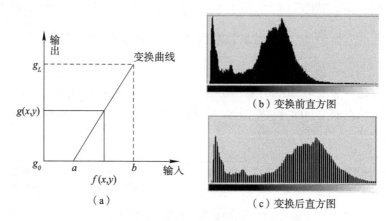

图 5-16　线性灰度变换的灰度分布

从式（5-45）可以得到：

$$g(x, y) = \frac{g_L - g_0}{b - a}f(x, y) + g_0 - a\frac{g_L - g_0}{b - a} \qquad (5-46)$$

式（5-46）可简写为：

$$y = kx + b \qquad (5-47)$$

①当 $k > 1$ 时，输出图像的对比度将提升。

②当 $0 < k < 1$ 时，输出图像的对比度将降低。

③当 $k = 1$，$b \neq 0$ 时，输出图像将整体变亮或变暗。

④当 $k < 0$ 时，输出图像暗区变亮、亮区将变暗。

⑤当 $k = 1$，$b = 255$ 时，输出图像的灰度正好反转，是数字图像的逆反处理，像素的灰度值为以 255 级差的逆值，用来创建当前图像的负像，如图 5-17 所示。

图 5-17 图像反转

5.3.2 分段灰度变换

为了突出感兴趣的目标或者灰度区间，相对抑制那些不感兴趣的灰度区域，可采用分段线性法。分段线性变换称为图像直方图的拉伸，它与完全线性变换类似，其不同之处在于其变换函数是分段的。灰度拉伸可以更加灵活地控制输出灰度直方图的分布，它可以有选择地拉伸某段灰度区间以改善输出图像。假设原图像的灰度分布为$[0, f_L]$，输出图像的灰度分布为$[0, g_L]$，如图 5-18 所示的变换函数的运算结果是将原图在$[0, a]$之间的灰度分布压缩到$[0, c]$之间，将在$[a, b]$之间的灰度分布拉伸到$[c, d]$之间，将$[b, f_L]$之间的灰度分布压缩到$[d, g_L]$。从图像的灰度分布可以看出，压缩了原图的暗调和亮调的细节，扩展了图像的中间调的细节。

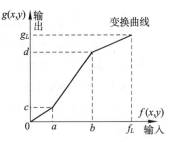

图 5-18 分段灰度变换

分段线性灰度变换可表示为：

$$g(x, y) = \begin{cases} \dfrac{c}{a} f(x, y) & 0 \leqslant f(x, y) < a \\[2mm] \dfrac{d-c}{b-a}[f(x, y) - a] + c & a \leqslant f(x, y) < b \\[2mm] \dfrac{g_L - d}{f_L - b}[f(x, y) - b] + d & b \leqslant f(x, y) \leqslant f_L \end{cases} \qquad (5-48)$$

从式（5-47）可见，通过调节节点的位置及控制分段直线的斜率，可对任一灰度区间进行拉伸或压缩。分段线性变换可以根据用户的需要，拉伸特征物体的灰度细节，虽然其他灰度区间对应的细节信息有所损失，这对于识别目标来说没有什么影响。下面对一些特殊的情况进行了分析。

令 $k_1 = c/a$，$k_2 = (d-c)/(b-a)$，$k_3 = (g_L - d)/(f_L - b)$，即它们分别为对应直线段的斜率。

（1）当 $k_1 = k_3 = 0$ 时，如图 5-19（a）所示，表示对于$[a, b]$以外的原图灰度不感兴趣，均其灰度值令为 0，而处于$[a, b]$之间的原图灰度，则均匀的变换成新图灰度。

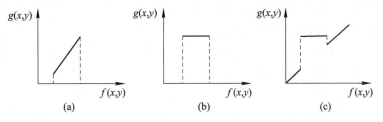

图 5-19 分段灰度变换特例

（2）当 $k_1 = k_2 = k_3 = 0$，且 $d = c$ 时，如图 5 - 19（b）所示，表示只对 $[a, b]$ 间的灰度感兴趣，且该区域的灰度值为 255，其余区域的灰度值为 0，则输出图像变换成二值图。这种操作又称为灰度级（或窗口）切片。

（3）当 $k_1 = k_3 = 1$，且 $d = c = g_L$ 时，如图 5 - 19（c）所示，表示在保留背景的前提下，提升 $[a, b]$ 间像素的灰度级。它也是一种窗口或灰度级切片操作。

如果一幅图像灰度集中在较暗的区域而导致图像偏暗，则可以建立分段函数用灰度拉伸功能（斜率 > 1）来扩展该灰度区间以增强图像对比度；同样如果图像灰度集中在较亮的区域而导致图像偏亮，也可以用灰度拉伸功能（斜率 < 1）来压缩该灰度区间降低图像对比度，改善图像质量。

5.3.3　非线性灰度变换技术

非线性灰度变换不是对图像的整个灰度范围进行扩展，而是有选择地对某一灰度范围进行扩展，其他范围的灰度值则有可能被压缩。非线性拉伸在整个灰度值范围内采用统一的变换函数，利用变换函数的数学性质实现对不同灰度值区间的扩展与压缩。

5.3.3.1　对数变换

对数变换是指输出图像像素的灰度值与对应的输入图像像素灰度值之间为对数关系，其一般表达式为：

$$g(x, y) = \frac{\ln[f(x, y) + 1]}{b \cdot \ln c} + a \tag{5-49}$$

式中 a、b、c 都是按照需要可以选择的参数，当 $f(x, y) = 0$ 时，则 $g(x, y) = a$，为纵轴上的截距，确定了变换曲线的初始位置的变换关系，b 和 c 两个参数确定变换曲线的变换速率。对数变换扩展了输入图像的低灰度区域，压缩了高灰度区域；通过这种变换扩展图像的暗调区域，使得低灰度区的图像细节较清晰地显示出来。

5.3.3.2　指数变换

指数变换是指输出图像的像素的灰度值与对应的输入图像像素灰度值之间满足指数关系，其一般公式为：

$$g(x, y) = b^{c[f(x, y) - a]} - 1 \tag{5-50}$$

式中 a、b、c 是引入的参数，用来调整曲线的位置和形状。当 $f(x, y) = a$ 时，则 $g(x, y) = 0$，此时指数曲线交于横轴。由此可见参数 a 决定了指数变换曲线的初始位置，参数 c 决定了变换曲线的陡度，即决定曲线的变换速率。这种变换一般用于对图像的高灰度区给予较大扩展，压缩图像暗调区域。

5.3.3.3　幂次变换

幂次变换如图 5 - 20 所示。图像的获取、打印和显示的各种装置设备通常根据幂次规律进行相应的设备参数调正。习惯上，幂次函数的指数通常是指伽马值，因此用于修正幂次变换现象的过程称为伽马校正。

幂次变换的基本形式为：

$$g(x, y) = c[f(x, y) + \varepsilon]^{\gamma} \tag{5-51}$$

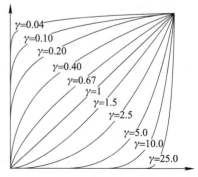

图 5 - 20　幂次变换

其中 c 和 γ 为正数,ε 是变换函数的偏移量。与对数变换相同,幂次变换函数将部分灰度区域映射到更宽的区域中。当 $\gamma = 1$ 时,幂次变换转变为线性变换;当 $\gamma = c = 1$,且 $\varepsilon = 0$ 时,幂次变换简化为正比变换。

①当 $\gamma < 1$ 时,变换函数曲线在正比函数上方。此时扩展输入图像的暗调区域,压缩高光区域,增强图像对比度,提高图像亮度。这一点与对数变换十分相似。

②当 $\gamma > 1$ 时,变换函数曲线在正比函数下方。此时扩展输入图像的亮调区域,压缩暗调区域,降低图像亮度。

例5:用函数 f (x) = x + x (255 - x) /255 对图像进行非线性变换。

A = imread('f:\ matlab\ duck.jpg');

figure(1); imshow(A);

x = 1:255;

y = x + x. * (255. x)/255;

figure(2);

plot(x, y);

B = double(A) + double(A). * (255. double(A))/255;

figure(3);

imshow(uint8(B));

显示结果如图 5 - 21 所示。

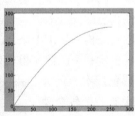

图 5 - 21　灰度非线性变换

5.3.4　Photoshop 软件灰度变换的应用

图像处理软件 Photoshop 是数字印前目前使用较多的图像处理软件,以该软件为平台可以方便地实现印前图像的灰度变换处理。当图像没有充分利用所有的灰度分级范围,需要扩大灰度范围,或者为了达到复制目标,需要有选择地压缩某些灰度范围,扩大其他范围时,需要利用 Photoshop 的灰度变换增加图像的对比度。在 Photoshop 中,应用 Levels(色阶)和 Curves(曲线)调节工具,几乎可以实现灰度变换的全部操作。

5.3.4.1　利用 Levels 工具实现灰度变换

Levels 工具通过改变图像灰度直方图的灰度分布,来改变对应像素的灰度值,对图像的层次或颜色进行调节。Levels 工具的调节多采用线性灰度变换关系,主要通过灰度直方图下面的 3 个滑块对图像的高光调、中间调和暗调进行调节;或者通过灰度条下面的 2 个滑块对图像最亮部和最暗部的密度值进行调节,从而实现图像的灰度变换。它的优势在于调节图像的主通道以及各分色通道的阶调层次分布，对改变图像的层次作用比较明显。尤其是调节图像的高光及暗调层次时使用起来很是方便。其操作界面上有直方图指示像素的分布特征，对习惯于参考直方图操作的使用者体现了方便性。

Levels 最大的特点就是有 Gamma 调整，彩色图像的 Gamma 值描述中间调输出密度对于原密度的关系，对 RGB 图像而言体现在亮度变化上，用来度量中间调对比度。因此，对 Gamma 的调整往往与彩色图像屏幕显示的关系更密切，但需要注意调整的结果是改变中间调范围的色彩表现，而对图像的暗调和高光区域影响不大。

Levels 中的输入色阶是指在当前通道下图像的最暗处、最亮处及中间调所对应的值。通过 Input

图 5 - 22　Levels 对话框

控制项，可以分别设置黑点、中间色和白点的色调值来调整图像的色调和对比度。而输出色阶主要用于改变图像的最暗值和最亮值，通过设置输出色阶，减少图像的对比度。向右拖动暗调滑块，Output 第一方框的值会增大，图像变亮，向左拖动高光滑块，Output 第二方框的值会变小，图像变暗，如图5 - 22所示。

5.3.4.2　利用 Curves 工具实现图像层次校正

层次是指图像中最亮和最暗间可分辨的明暗级次与分布。图像的层次感较好就是明暗差别和颜色差别比较明显，能较好表现不同亮度和颜色的细节，一个图像的层次是从两个方面展开的，一个是从亮度层次，即中性灰色的成分上来表现。它反映了一个图像的明暗细节和结构骨架，是层次的基础。在这个明暗结构的基础上添加颜色就形成了饱和度不同的各种色彩，从而产生更加丰富的细节结构。要使一个图像获得较好的层次感，一是要求图像要有较宽的黑白层次上明暗色调的范围和彩色层次上最大的色彩张开度，二是要求图像的层次有一个较合理的分布，以最大限度地表现图像中最重要的细节。

Photoshop 中 Curves 工具是最能体现灰度变换的基本思想和工作原理的。Curves 工具用曲线图定义灰度变换函数，曲线图的横坐标表示调节前像素的各灰度值，纵坐标表示调节后像素的各灰度值，调整前曲线是一条45°直线，意味着所有像素的输入和输出亮度相同。Curves 曲线将图像的色调范围分成了 4 个部分，并且可以微调到 0 ~ 255 色调值之间的任何一种亮度等级，如图 5 - 23 所示。

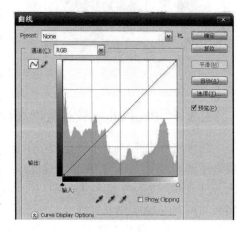

图 5 - 23　Curves 对话框

（1）图像曝光过度

这种图像暗调和中间调的颜色可能偏浅，整幅图像会发灰，层次主要集中在亮调部分，而暗调部分过亮。一般使用暗调滴管点击合适的图像暗处，将它映射到更暗处，从而拉开图像的层次，增强图像对比度。然后利用曲线调整。暗调压缩（变暗），高光增强拉伸（变暗），同时中间调可以基本保持不变。这种曲线用于高光层次较少，但较为明显，同时暗调和中间调层次极为丰富，暗调面积所占比例大的原稿。如图 5 - 24 所示。

| (a) 原图像 | (b) 校正曲线 | (c) 校正后图像 |

图 5 - 24　曝光过度校正

（2）图像曝光不足

这种图像整体偏暗，层次压缩在暗调范围，没有展开，故无法较好地表现画面中主要物体的效果。可以利用高光滴管工具选择图像中相对较亮的灰调高光部分重新设置高光极点，从而将图像的层次扩展到整个色调范围，图像亮度被整体按线性关系提升，昏暗中的细节明显起来。然后利用 Curves 曲线调整，高光压缩（变亮），暗调增强拉伸（变亮），使得暗调区域的对比度增强。这种曲线适用于亮调层次丰富、中间调及亮调偏薄的情况。如图 5 - 25 所示。

 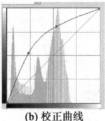 

| (a) 原图像 | (b) 校正曲线 | (c) 校正后图像 |

图 5 - 25　曝光不足校正

（3）突出细节

图像中如果需要特别突出表现某一亮度层次上的细节，则需要加大反差以突出细节。其不足之处就是要牺牲其他部分的反差与细节表现能力为代价。这种处理一般用于色调平衡的图像，以提高图像的饱和度，增强中间调的细节表现力，因为人的视觉对中间调最为敏感。将高光暗调的层次压缩，同时拉开中间调部分的层次，经过这样处理的印刷图像效果都比较理想。如图 5 - 26 所示。

| (a) 原图像 | (b) 校正曲线 | (c) 校正后图像 |

图 5 - 26　突出中间调细节

97

（4）突出高光和暗调层次

增强明暗两端层次、压缩中间调的层次，强调高光和暗调两部分的层次。它适用于中间调层次极少的原稿，如逆光拍摄的稿件及雪景画面等特殊原稿。如图5-27所示。

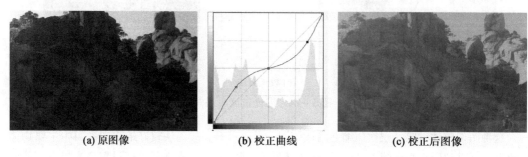

(a) 原图像　　　　　　　　(b) 校正曲线　　　　　　　(c) 校正后图像

图5-27　突出暗调和高光细节

对图像进行灰度变换处理的关键是如何改变图像中各像素的灰度值，而在 Photoshop 中利用 Levels 和 Curves 工具，改变图像的灰度分布或曲线形状是两种比较直观且有效的方法。Levels 工具一般用来对图像的高光调和暗调层次进行粗调，而 Curves 工具用来对图像的各层次进行更为细致的调节和控制。

5.4　色彩校正

在数字图像输出前，通过图像编辑软件都可以对图像进行非常精确的色彩校正。无论是修改曲线、改变色调或饱和度的值，还是混合多个通道，都可以在原始图像的基础上用这种精确的方法使得图像得以改善，得以与高质量原稿的色彩相匹配。

色彩校正它是为了确保图像的色彩能够被精确地重建，而在数码相机或扫描仪对图像进行传递中的色彩差异进行校准的过程。从技术上说，色彩校正可以分为两类：色彩平衡和色彩调整。

色彩平衡是指能够在 RGB 或 CMYK 色彩空间中进行的调整，这些调整是通过使用曲线、色阶和其他以各个通道为基础的处理灰度分布的工具来完成。色彩平衡技术是对单独色调的改变，但在某种程度上，它也会影响到图像中的其他颜色。

色彩调整只是改变一种颜色而不影响其他任何颜色的校正方法，例如从一幅图像中减去少许红色、绿色或黄色，而不改变其他色彩。这类调整只能使用基于亮度色彩空间的控制工具。

5.4.1　色彩校正流程概述

5.4.1.1　色彩校正的流程

获得精确的色彩校正结果往往取决于使用正确的色彩校正的工作流程。所有色彩校正的工作原理基本相同，那就是把已经存在的像素范围映射到新的范围。不同的调整工具间的区别在于选择调整色彩时控制什么参数和控制量。色彩校正的步骤不仅与原图像的色彩和阶调表现有关，也与系统配置有关，没有固定不变的操作流程，一般图像的色彩校正过程分为以下步骤：

（1）校正显示器

图像的印刷质量受制于数字化原稿时的输入设备，在获取数字图像之前，首先要检查扫描仪、数码相机等输入设备的质量，标定图像显示设备，使显示器能够准确地将输出颜色与屏幕显示颜色相匹配。

（2）检查扫描质量和阶调范围

没有从原稿中获取足够的信息量，要产生高质量的图像输出几乎是不可能的。对已经存在的数字图像，应该从图像直方图中检查图像各个通道的灰度分布是否合理。

（3）调整色调范围

色调校正是指对构成图像主色阶调的校正，即灰度变换。通过灰度层次的分布调整图像的对比度，获取图像清晰的细节，增强图像质量。

（4）调整色彩平衡

精确检测图像中的颜色是否存在偏色等问题，并通过相应的方法进行修正。

（5）进行其他特殊的色彩调整

可以使用一系列的色彩调整的方法来增强图像中特定对象的色彩。

（6）锐化图像边缘

图像处理后难免会造成一些边缘的模糊，通过图像处理软件 Photoshop 中的 USM 过滤器可以增强图像中对象边缘的清晰度。

5.4.1.2 色彩校正遵循的基本规则

每幅图像在进行色彩调整前都需要遵循以下基本规则。

（1）避免对图像的某一限定区域进行校正操作

如果图像的某一范围中的颜色有偏差，则整幅图像中该颜色通常都存在问题。对整幅图像进行调整不仅能够修复明显的问题，而且也能够修复人眼不易发现的问题。如果确实需要对某一区域做局部校正，那么应该在对整幅图像调整后再进行局部的校正。

（2）对每个单独的通道分别进行调整

对图像进行整体调整并不意味着对合成的彩色图像进行调整，通过分别对每个单独的通道进行校正，将会获得最佳效果。通过调整通道中的灰度分布可以修复色彩和细节问题，例如黑色通道、弥补色偏的通道（在青色通道中弥补偏红的问题），最缺少细节的通道等。

当色彩调整的要求很复杂时，用不同的方法分别对每个通道进行操作，可能会达到最完美的效果。

（3）在最适宜的色彩空间中处理图像

进行色彩校正时，选择哪一个色彩空间是很有讲究的，因为不同的色彩空间其色域范围有一定的差异，同时也和输出介质有关。在印前处理中使用的两个基本输出色彩空间是显示器和扫描仪的 RGB 空间与印刷和打印使用的输出色彩空间 CMYK。用 RGB 色彩空间进行校正的优点是有较大的色域范围以及由于和显示器色彩空间一致使得处理速度较快，但在 RGB 色彩空间中处理和校正的图像用于印刷输出时，必须转换到 CMYK 色彩空间来，这时会有部分颜色无法在 CMYK 色域中显示出来，容易产生偏色。而在 CMYK 色彩空间中进行颜色校正的图像不会产

生偏色。因此为了获得真正的色彩校正效果，一般可以在 RGB 色彩空间中对图像进行校正，而在 CMYK 空间中对图像进行微调，且最好使用基于 HSL 空间的色彩调整工具。

（4）每一幅图像的校正都是唯一的

在软件的配置中通常会使用大量类似于预置曲线之类的工具，但是由于每一幅图像与另一幅图像的主题、光线条件、颜色以及数字化的方法各不相同，所以每幅图像的色彩校正也是各不相同的。

5.4.2　图像色偏的判断

光栅图像可以分为两类，一是照片图像，这类图像中的颜色必须是可信的、忠实于事实和生活的；另一类是插图原稿，这类图像的颜色是想象出来，通常优于真实的颜色。校正一幅图像首先要判断图像中是否存在不理想的色彩。色偏是指不理想的颜色遍及整个图像之中或者甚至会限制一幅图像的色调范围。

在色偏校正之前，首先要将色偏定位，典型的色偏最常出现在图像主要区域的中性灰、散射高光区域或记忆色，通过图像处理软件 Photoshop 中的吸管工具或其他测量工具来读取数据以确定色偏的位置。

5.4.2.1　中性灰色偏

判断一幅图像是否存在色偏，首先要考虑中性灰主题。在彩色图像中检测中性灰区域，不能只相信眼睛，周围的颜色可能会改变人眼对中性灰的感觉，要根据数值来判断图像中的色彩是否存在不平衡。所以在特别白或者较亮的灰色色调区域通过吸管工具和灰平衡表（如果在 CMYK 色彩空间中校正色偏）很容易判断图像该像素是否偏色和偏向什么颜色。例如，一幅图像包含的主要内容是印刷如镜面般的高光，即绝对白或没有一点细节的反射面，这时像素的 RGB 值应该分别为（255，255，255）或者 CMY 值应该分别为（0，0，0）如果测出其他数值，则表示图像偏色。

5.4.2.2　高光区色偏

如果图像中不包含中性灰，但包含一些反射高光区域，那么从视觉上还是很容易发现图像潜在的色偏问题，因为人眼对较亮主题的色偏是很敏感的。然后通过吸管工具和颜色配比的经验来检验图像是否存在色偏问题。例如，柔和的米色所包含的黄色要比青色、品红色更多些，如果吸管工具检测出来的数值与此不符，则考虑图像存在色偏问题。

5.4.2.3　记忆中的色彩色偏

如果图像中既不包含中性灰颜色也不包含散射高光，但大部分图像一定包含一种或几种大家都可以识别的颜色，我们称之为记忆中的颜色，即记忆色。例如，大家都熟悉的物体颜色有：绿色的草地、蓝色的天空、黄色的土地、人的肤色以及常见的水果类等，所以一旦这些颜色发生了变化，人眼便能立即识别出来。用记忆色来辨别色偏是很重要的。每一种颜色都可以由许多种 CMYK 油墨组合而成，而其中 CMY 各参数之间只是一个比例而不是绝对值，即使对颜色匹配特别严格的图像，它的实际数值也可能和没有色偏的图像稍有不同。所以对一些常见的记忆色要通过观察不偏色的图像中的精确色彩来熟悉它们。例如：

天蓝色：60C23M0Y0K。品红色不能超过青色的 40%，一旦超过颜色将偏于紫色。

柠檬黄：5C18M75Y0K。品红色过多颜色偏红，青色过多导致黄色暗淡。

白种人色调：18C45M50Y0K。品红色和黄色可以基本保持相等，较低的数值用来表示苍白的肤色。

黄种人色调：15C40M50Y0K。和白种人相比，黄色比例可以比品红色高一些。

黑种人色调：45C50M50Y35K。黑色或棕色皮肤除了红色外，肤色内一定含有相反色 C 和 K，相反色 C 和 K 的多少随光影明暗有较大的区别。

5.4.2.4 细微处的色偏

不是所有的色偏对人眼都是很明显的，对于中间调和暗调区域中的小范围内的图像对象在视觉上是不易发觉的，对于这类图像，最稳妥的方法就是用吸管工具测量整幅图像，寻找中性灰和记忆色作为可信赖的色偏校正参照点。

5.4.3 图像色偏的校正

纠正色偏的方法有很多种，不存在唯一的"正确"的方法，对于是否要纠正色偏或者如何纠正，这是一个主观的判断。下面介绍两种基本方法，一种是色彩平衡的方法，通过使用曲线调整，从而改变所有的颜色；另一种是色彩调整，只影响有限的几种颜色。每种方法各适合某些不同的情况，无论使用哪种方法，大多数情况不需要选择某个区域，并且只对其中偏色最明显的对象进行校正。在整幅图像范围内通过多个通道对色彩进行校正通常会达到较好的效果。

5.4.3.1 色彩平衡

通常色偏只出现在有限的亮度范围内，而且不会在整幅图像范围内均匀地减少颜色。基于这种情况，在图像处理软件 Photoshop 中使用 Curves 曲线在通道内进行调整可能是最有效的去除色偏的方法。

Curves 曲线不仅能够校正图像的层次，同时也是校正色偏的一个很好的工具。它可以实现图像整体色偏或某个阶调色偏的校正功能，但对图像整体色偏的校正能力较差，因为它是以通道为作用对象，而不是以整个图像作为作用对象的。类似的 Photoshop 中校正工具还有：Levels（色阶）、Channel Mixer（通道混合器）等以通道为作用对象的工具。

图 5 – 28(a) 是一幅珠宝图，图像中人造雪花上的散射高光应该为白色，但通过吸管工具得到的数值是 25C18M13Y1K，明显中性灰不平衡。由于品红和黄色油墨合成为红色，所以一定是因为这两种颜色过多，才会造成如此明显的色偏。通过检测可以表明色偏大多出现在高光和四分之一色调。在较亮的色调范围必须要降低品红色和黄色的总量，意味着不得不允许在阴影处出现更多的这类颜色，但这不会有问题，因为这种方法会增强整幅图像的对比度。在 Curves 曲线中分别选择品红色通道和黄色作为调整对象，在高光和四分之一处向下调整阶调曲线，降低品红和黄色分量。调整完毕后，在暗调和中间调区域适当提升青色曲线，对于抑制暗调区域的红色很有必要。调整的参数和结果如图 5 – 28(b)、(c)、(d)、(e) 所示。

5.4.3.2 色彩校正

色彩校正只是通过某种方法改变一种色彩而不影响其他色彩。这类调整使用基于亮度的色彩空间的控制工具。在 Photoshop 中提供了多种此类调整工具，比如：色相/饱和度、替换颜色、可选颜色等。

图 5 – 29(a) 是一幅蔬菜图，从视觉上察觉图像中绿色黄瓜的饱和度低，显得很暗淡，

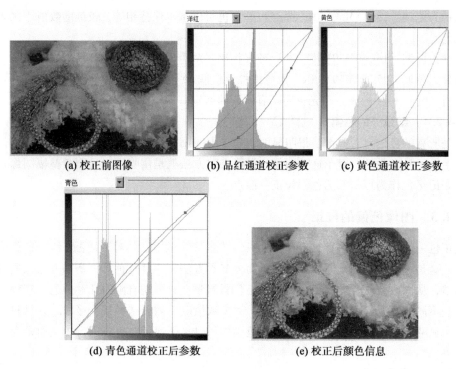

(a) 校正前图像　　(b) 品红通道校正参数　　(c) 黄色通道校正参数

(d) 青色通道校正后参数　　　　(e) 校正后颜色信息

图 5 - 28　色偏校正

没有新鲜感，而红色西红柿明显偏黄。使用吸管工具查看图像信息，西红柿和黄瓜的中间调和高光处的的色彩配比如图 5 - 29（b）所示。在西红柿的中间调明显饱和度低，色泽不艳。所以决定使用色相/饱和度校色工具。分别在红色、绿色和黄色编辑通道对色相、饱和度和亮度进行调整。调整的参数和结果如图 5 - 29（c）、（d）、（e）、（f）所示。

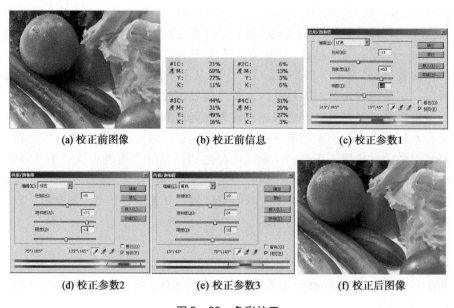

(a) 校正前图像　　(b) 校正前信息　　(c) 校正参数1

(d) 校正参数2　　(e) 校正参数3　　(f) 校正后图像

图 5 - 29　色彩校正

每一幅图像色偏校正使用的工具都可能不一样，但其思路和方法基本相同。在校正色偏时要注意以下问题：

①从中性灰和记忆色中寻找色偏的参照点。

②不只有一个通道会造成色偏。

③去除色偏时要从该色彩的补色通道着手处理。

④许多色偏在特定的色调范围内很严重，在某一色调范围内的颜色变化可能会造成其他色调的变化，要尽可能选择一种很少使用或者在暗调处不易察觉的颜色。

⑤必要时单独改变某种偏色颜色，考虑使用 HSL 模式的调整工具。

⑥为改变中性灰和四分之三或暗调中出现的轻微的色偏，可以完善黑色通道，并仔细选择彩色分色设置。

⑦要使用数字测量工具和灰平衡表检测像素信息。

阴和阳、亮和暗、品红和绿等这些都是相对的，它们似乎总是相互依存、相互关联，在数字色彩校正领域中这是一条最重要的规则。在任何给定的印刷图像中，CMY 彩色油墨中只有两种是起着主导作用的，那么第三种被认为是多余的颜色，通过对多余颜色的校正就很容易找到色彩校正的关键处了。如果在 RGB 空间中对图像进行色偏校正，那么这类图像最适用于多余颜色的通道（补色通道）调整。

总之，色彩校正没有公式般的调整方法和工具。通过本章学习，当对图像进行色彩校正时，可以选择几种常用的操作技巧；当决定采用某种方案时，要注意图像中最重要的对象是什么，对颜色的调整要有利于增强图像中最重要对象的细节、轮廓和生动程度。具体的最佳方法只有通过大量实践才能获取。

第6章 图像增强

6.1 空间域图像增强

6.1.1 空间滤波基础

假定以点 (i, j) 为中心从数字图像中取出一个 3×3 的灰度分布子集 $g(i, j)$，并设滤波矩阵包含 3×3 个数字，则空间滤波就是在需要平滑或锐化的图像中逐点移动滤波矩阵（掩模）做特定运算处理的过程，对每一个具有确定位置的中心像素 (i, j)，空间滤波器在该点的响应通过事先确定规则运算。

数字图像的空间滤波满足线性叠加性质时的平滑或锐化处理称为线性空间滤波，数字图像对处理过程的响应（滤波结果）由滤波器函数与滤波矩阵扫过灰度分布子集相应像素的乘积之和给出，即：

$$g^*(i, j) = g(i-1, j-1)f(-1, -1) + g(i-1, j)f(-1, 0) + g(i-1, j+1)f(-1, 1) +$$
$$g(i, j-1)f(0, -1) + g(i, j)f(0, 0) + g(i, j+1)f(0, 1) + g(i+1, j-1)$$
$$f(1, -1) + g(i+1, j)f(1, 0) + g(i+1, j+1)f(1, 1) \qquad (6-1)$$

对于更一般的空间滤波，以 (i, j) 点为中心取出的灰度分布子集应该为 $m \times n$ 的像素集合，且滤波矩阵（掩模）包含 $m \times n$ 个数字，掩模的中心位于点 (i, j) 上，设 m 与 n 分别等于 $2a+1$ 和 $2b+1$，且 a 和 b 为非负的整数，这意味着滤波矩阵的宽度和高度都取奇数，其中 3×3 是可以使用的最小滤波矩阵，1×1 的滤波矩阵显然没有实际意义。由上述给定条件得线性空间滤波的一般表达式：

$$g^*(i, j) = \sum_{k=-a}^{a} \sum_{n=-b}^{b} g(i+k, j+n)f(k, n) \qquad (6-2)$$

如果数字图像由 $M \times N$ 个像素组成，则利用式（6-2）对全部图像像素执行运算后，空间滤波也就完成了。可以看出，当 m 和 n 均取 3 时，式（6-2）简化为（6-1）。

线性空间滤波处理经常被称为"掩模与图像的卷积"，滤矩阵（掩模）有时也可以称为"卷积模板"，"卷积核"。

数字图像的非线性空间滤波处理也是基于邻域处理，且掩模滑过一幅图像的机理与前述一样，然而其滤波处理取决于所考虑的邻域像素的值，而不能直接用式（6-2）中所描述的乘积求和中的系数。利用非线性滤波器可以有效地降低噪声，这种非线性滤波器的基本函数是计算滤波器所在邻域的灰度中值。中值计算是非线性操作，就像方差计算那样。

实现空间滤波邻域处理时的一个重要考虑因素就是，当滤波中心靠近图像轮廓时发生的情况。考虑一个简单的大小为 $n \times n$ 的方形掩模，当掩模中心距离图像边缘为 $(n-1)/2$ 个像素时，该掩模至少有一条边与图像轮廓相重合。如果掩模的中心继续向图像边缘靠近，那么掩模的行或列就会处于图像平面之外。有很多方法可以处理这种问题。最简单的方法就是将掩模中心点的移动范围限制在距离图像边缘不小于 $(n-1)/2$ 个像素处。这种做法将使处理后的图像比原始图像稍小，但滤波后的图像中的所有像素都由整个掩模处理。如果要求处理后的输出图像与原始图像一样大，那么所采用的典型方法是，用全部包含于图像中的掩模部分滤波所有像素。通过这种方法，图像靠近边缘部分的像素带将用部分滤波掩模来处理。另一种方法就是在图像边缘以外再补上一行和一列灰度为零的像素（其灰度也可以为其他常值），或者将边缘复制补在图像之外。补上的那部分经过处理后去除。这种方法保持了处理后的图像与原始图像尺寸大小相等，但是补在靠近图像边缘的部分会带来不良影响，这种影响随着掩模尺寸的增加而增大。总之，获得最佳滤波效果的唯一方法是使滤波掩模中心距原图像边缘的距离不小于 $(n-1)/2$ 个像素。

6.1.2 平滑处理

直接使用像素的灰度值执行平滑处理的操作属于空间滤波，关键在于根据图像特征和彩色复制要求设计数字滤波器，分为线性空间滤波和非线性空间滤波两大类。

6.1.2.1 线性空间滤波器

平滑线性空间滤波器的输出（响应）是包含在滤波掩模邻域内像素的简单平均值。因此，这些滤波器也称为均值滤波器。平滑滤波器的概念非常直观。它用滤波掩模确定的邻域内像素的平均灰度值去代替图像每个像素的值，这种处理减小了图像灰度的"尖锐"变化。由于典型的随机噪声由灰度级的尖锐变化组成，因此，常见的平滑处理应用就是减噪。然而，由于图像边缘（几乎总是一幅图像希望有的特性）也是由图像灰度尖锐变化带来的特性，所以均值滤波处理还是存在着不希望的边缘模糊的负面效应。另外，这类处理方法还有一些其他应用，例如由于灰度量级不足而引起的伪轮廓效应的平滑处理。均值滤波器的主要应用是去除图像中的不相干细节，其中"不相干"是指与滤波掩模尺寸相比，较小的像素区域。

线性空间滤波器以局部平均法为典型代表，基于下面这样的基本思想：认为图像有许多灰度恒定的小块组成，相邻像素间存在很高的空间相关性，而噪声则是统计独立的，成为依次从图像中取出大小相同的灰度分布子集并求出像素平均灰度值的理论基础。

设图像的有用信号为 $g(i, j)$，噪声信号为 $\eta(i, j)$，则每一点的灰度值为两者之和：

$$g'(i, j) = g(i, j) + \eta(i, j) \tag{6-3}$$

对图像做局部平均处理时从图像中取出包含 $n \times n$ 个像素的窗口，经平均后得：

$$f(i, j) = \frac{1}{n^2} \left(\sum_{i,}\sum_{j \in \Omega} g(i, j) + \sum_{i,}\sum_{j \in \Omega} \eta(i, j) \right) \tag{6-4}$$

式中，Ω 是以 (i, j) 为中心取出的一个 $n \times n$ 灰度分布子集。若噪声是随机不相关的，则经过式（6-4）处理后，噪声信号的方差降低为原来的 $1/n^2$，使得噪声得到有效的抑制。

（1）非加权平均空间滤波

非加权领域平均是最简单的局部平均算法，它平等对待指定领域中的每一个像素。设以点 (i, j) 为中心取出 $n×n$ 的灰度分布子集并表示为 $g(l, m)$，输出灰度值为 $g^*(i, j)$，则：

$$g^*(i, j) = \frac{1}{n^2} \sum_{l=-k}^{k} \sum_{m=-k}^{k} g(l, m) \tag{6-5}$$

由于通常将 n 取为奇数，故式（6-5）中 $k = (n-1)/2$。若噪声是随机不相关的加性噪声，像素领域内各点噪声是独立等分布的，则经过平滑处理后信号与噪声的方差比可提高 n^2 倍。这一算法的优点是处理速度快，缺点是降低噪声的同时使得图像变得模糊，特别是在边缘和层次细微变化的部位。此外，灰度分布子集取得越大，模糊程度越强烈。用非加权领域平均法平滑图像时，滤波矩阵中每一元素取相等的值，因此在计算时不出现相乘因子。

(a) 原图像

(b) 高斯噪声污染的图像

非加权领域平均空间滤波也称为均值滤波，对同一幅图像添加不同的噪声：高斯噪声、椒盐噪声和乘性噪声，如图6-1所示。分别取 $3×3$，和 $5×5$ 的灰度分布子集进行均值滤波，如图6-2、图6-3所示。

(c) 椒盐噪声污染的图像

(d) 乘性噪声污染的图像

图6-1　添加噪声后的图像

(a) 原图像滤波后

(b) 高斯污染图像滤波后

(a) 原图像滤波后

(b) 高斯污染图像滤波后

(c) 椒盐污染图像滤波后

(d) 乘性污染图像滤波后

(c) 椒盐污染图像滤波后

(d) 乘性污染图像滤波后

图6-2　采用 $3×3$ 的滤波子集进行均值
滤波后的图像

图6-3　采用 $5×5$ 的滤波子集进行均值
滤波后的图像

比较处理后的图像结果可知，均值滤波处理后，图像的噪声得到了抑制，但图像变得相对模糊，对高斯噪声的平滑效果比较好。均值滤波平滑效果与所选用的模板大小有关，模板尺寸越大，则图像的模糊程度越大。此时，消除噪声的效果将增强，但同时所得到的图像将变得更模糊，图像细节的锐化程度逐步减弱。

（2）加权平均空间滤波

为了克服非加权领域平均法的缺点，可以"提高"中心像素的地位，则因平滑而产生的副产品（模糊）可得到有效的克服，据此可提出加权领域平均算法。

仍然从图像中以 (i, j) 点为中心，取一个 $n \times n$ 的灰度分布子集 $g(l, m)$，输出中心像素灰度值为 $g^*(i, j)$，并设加权平均算子以 $f(i, j)$ 表示，则加权领域平均可由下式表示：

$$g^*(i, j) = \frac{1}{n^2} \sum_{l=-k}^{k} \sum_{m=-k}^{k} g(l, m) f(i, j) \qquad (6-6)$$

式中 $k = (n-1)/2$。

加权平均空间滤波常取 3×3 灰度分布子集，也取 5×5 和 7×7 的，领域取得越大，则平滑的效果越明显，但因参与平均的像素较多，造成的模糊也越强烈。例如 Photoshop 的 Blur 和 Blur More 平滑滤波器采用 3×3 线性算子：

$$f_{\text{Blur}} = \frac{1}{6} \begin{bmatrix} 0 & 1 & 0 \\ 1 & 2 & 1 \\ 0 & 1 & 0 \end{bmatrix}, \quad f_{\text{Blur More}} = \frac{1}{37} \begin{bmatrix} 4 & 4 & 4 \\ 4 & 5 & 4 \\ 4 & 4 & 4 \end{bmatrix} \qquad (6-7)$$

从式（6-7）中的权值来看，一些像素比另一些更为重要。处于掩模中心位置的像素比其他任何像素的权值都要大，因此，在均值计算中给定的这一像素显得更为重要。而距离掩模中心较远的其他像素就显得不太重要。由于对角项离中心比正交方向相邻的像素（参数为 $\sqrt{2}$）更远，所以它的重要性要比与中心直接相邻的 4 个像素低。把中心点加强为最高，而随着距中心点距离的增加减小系数值，是为了减小平滑处理中的模糊。

对添加椒盐噪声的图像进行非加权和加权领域平均空间滤波。加权领域平均空间滤波算

$$\text{子取为} \begin{bmatrix} 0 & 0 & 8 & 0 & 0 \\ 0 & 0 & 8 & 0 & 0 \\ 8 & 8 & 8 & 8 & 8 \\ 0 & 0 & 8 & 0 & 0 \\ 0 & 0 & 8 & 0 & 0 \end{bmatrix}。$$

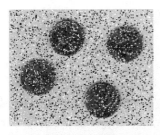　　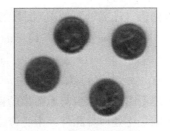

(a) 椒盐噪声图像　　　　　　　**(b) 5×5 均值滤波图像**

图 6-4　采用 5×5 的滤波子集进行均值滤波后的图像

比较处理后的图像结果（如图 6-4，图 6-5 所示）可知，非加权和加权领域平均空间滤波处理后的图像的噪声得到了抑制，但图像变得相对模糊。非加权领域平均空间滤波处理后的图像较模糊，加权领域平均空间滤波算子能够减小平滑处理过程中的

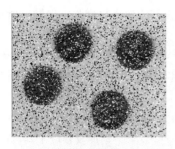 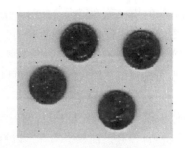

(a) 椒盐噪声图像　　　　　　　　**(b) 低通滤波图像**

图6-5　采用5×5的加权滤波子集进行滤波后的图像

模糊。

（3）梯度倒数加权平滑滤波器

图像边缘处的梯度绝对值高于区域内的梯度绝对值。对任意一个取自图像的 $n \times n$ 灰度分布子集来说，就能够以中心像素与领域像素间梯度绝对值的倒数为空间滤波处理的加权值。这样如果领域内的像素处于区域内，则这些像素的加权值大；而如果领域内的像素是在区域外，则这些像素的加权值小。显然，梯度倒数加权平均算法属于非线性空间滤波，既可使图像得到平滑处理，又不会使边缘和细节有明显的模糊。

设以点 (i, j) 为中心的灰度分布子集为 $g(i, j)$，用尺寸小于灰度分布子集的窗口像素灰度分布计算梯度倒数，以 $g(l, m)$ 表示，则点 (l, m) 对于 $g(i, j)$ 的 $n \times n$ 领域内的梯度倒数定义为：

$$Grad(i, j; l, m) = \frac{1}{|g(i+l, j+m) - g(i, j)|} \tag{6-8}$$

若窗口大小为3×3，则有 $l = -1, 0, 1$；$m = -1, 0, 1$，但 l 和 m 不能同时为0。

按式（6-8）计算 (i, j) 点与8个领域点的梯度值时必须考虑到可能出现的各种情况，例如下面这样的可能性：

$$g(i+l, j+m) = g(i, j)$$

此时式（6-8）中的分母为0，计算将产生溢出错误。为此，可规定在这种情况下的梯度为0，并定义 $Grad(i, j; l, m) = 2$。

这样，可得到第 (i, j) 点的梯度倒数加权平均算子 f 为：

$$f = \begin{bmatrix} w(i-1, j-1) & w(i-1, j) & w(i-1, j+1) \\ w(i, j-1) & w(i, j) & w(i, j+1) \\ w(i+1, j-1) & w(i+1, j) & w(i+1, j+1) \end{bmatrix} \tag{6-9}$$

为了保持处理后图像的像素与原图像的像素有相同的动态范围，需要对式（6-8）中的每一加权系数做归一化处理。此外，中心像素的梯度倒数无法算得。为此，规定中心像素之加权系数为 $w(i, j) = 1/2$，而其余8个像素加权系数之和为 $1/2$。于是可得进行梯度倒数加权计算所必须的各加权系数：

$$w(i+l, j+m) = \frac{1}{2} \frac{Grad(i, j; l, m)}{\sum\limits_{l=-1}^{1} \sum\limits_{m=-1}^{1} Grad(i, j; l, m)} \tag{6-10}$$

注意，按式（6-10）进行加权系数计算时，l 和 m 不能同时为0。

6.1.2.2 统计排序滤波器

统计滤波器是一种非线性的空间滤波器，它的响应基于图像滤波器包围的图像区域中像素的排序，然后由统计排序结果决定的值代替中心像素的值。统计滤波器中最常见的例子就是中值滤波器。正如其名，它是将像素（在中值计算中包括的原像素值）邻域内灰度的中值代替该像素的值。中值滤波器的使用非常普遍，这是因为对于一定类型的随机噪声，它提供了一种优秀的去噪能力，比小尺寸的线性平滑滤波器的模糊程度明显要低。中值滤波器对处理脉冲噪声（也称为椒盐噪声）非常有效，因为这种噪声是以黑白点叠加在图像上的。

一个数值集合的中值 ε 是这样的数值，即数值集合中，有一半小于或等于 ε，还有一半大于或等于 ε。为了对一幅图像上的某个点做中值滤波处理，必须先将掩模内欲求的像素及其邻域的像素值排序，确定出中值，并将中值赋予该像素。例如，对于一个 3×3 的邻域，其中值是第 5 个值；而在一个 5×5 的邻域中，中值就是第 13 个值；等等。当一个邻域中的一些像素值相同时，它们中的任何一个都可以作为中值。例如，在一个 3×3 的邻域内有一系列像素值（10，20，20，20，15，20，20，25，100），对这些值排序后为（10，15，20，20，20，20，20，25，100），那么其中值就是 20。这样，中值滤波器的主要功能是使拥有不同灰度的点看起来更接近于它的邻近值。事实上，是用 $n \times n$ 的中值滤波器去除那些相对于其邻域像素更亮或更暗，并且其区域小于 $n^2/2$（滤波器区域的一半）的孤立像素集。在这种情况下，"去除"的意思是强制为邻域的中间亮度。而对较大的像素集的影响明显减小。图 6-6 为具体的操作流程。

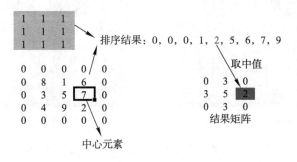

图6-6 采用3×3滤波子集滤波进行统计排序滤波处理的流程

对添加概率 0.2 椒盐噪声的图像分别采用边界 0 填充和边界镜面填充后进行中值滤波，滤波子集为 3×3，如图 6-7 所示。

由图 6-7 可知，中值滤波方法能够非常好地将椒盐噪声去除掉，可见中值滤波方法对于椒盐噪声或脉冲式干扰具有很强的滤除作用，中值滤波器的效果比均值滤波好。因为这些干扰值与其邻近像素的灰度值有很大的差异，经过排序后取中值的结果就将此干扰强制变成与其邻近的某些像素值一样，从而达到去除干扰的效果。但是由于中值滤波方法在处理过程中会带来图像模糊，所以对于细节丰富，特别是点、线和尖顶细节较多的图像不适用。

均值滤波基本思想是用几个像素灰度的平均值来代替每个像素的灰度，对抑制噪声是有效，但会产生模糊效应。中值滤波的特点是保护图像边缘的同时去除噪声。

(a) 初始图像

(b) 添加了椒盐噪声的图像

(c) 中值滤波，概率0.2，边界0填充

(d) 中值滤波，边界镜面扩展

图6-7　采用3×3滤波子集进行滤波进行统计排序滤波处理的流程

　　使用中值滤波器时对灰度分布子集的选择相当重要，将决定中值的大小。像素值的分布千变万化，因此没有一成不变的公式和现成的经验可用以指导。使用时最好对图像的噪声特点有所了解，通过试验找到一个最佳灰度分布子集尺寸。在如何实现中值滤波上已设计出了多种方法，例如 Narendra 在 1978 年提出对图像先做行方向的一维中值滤波，再做列方向的一维中值滤波，可得到与二维中值滤波相近的结果，但计算量却大大缩小。

　　中值滤波器是统计排序滤波器的特例，而统计排序滤波器更通俗的称呼是百分比滤波器，用途也很广泛。百分比滤波器的工作步骤与中值滤波大体相同，也需要按灰度值对图像中取出的灰度分布子集内的像素重新排序，然后根据某一个确定的百分比选取序列中相应的像素值赋值给灰度分布子集的中心像素。所谓中值，就是一系列像素值的第50%个值，如果取第100%个值或0%个值代替中心像素，则统计排序滤波器成为最大值滤波器或最小值滤波器，用来检测图像中最亮的点。当百分比最小值时，它成为最小值滤波器，滤波取用的是领域中最暗的像素值，它用来检测图像中最暗的点。

6.1.3　锐化技术

对数字图像做锐化处理的主要目的是突出细节或增强被模糊对象的细节，导致模糊的原因或者是由于不恰当的操作，也可能源于图像数字化设备的固有缺陷。实现图像锐化的方法多种多样，应用面相当广，例如彩色图像复制、医学成像和诊断、工业检测以及服务于军事目标的制导等清晰度增强技术。

6.1.3.1　梯度法图像锐化技术

（1）梯度计算

用求梯度的方法锐化图像是最常用的技术，在 Photoshop 中也有应用。梯度计算不可避免地要用到函数的微分，尽管在数学上并不是难题，但计算像素值灰度值的梯度时却必须与数字图像的灰度分布特征和应用领域的需求结合起来。

对数字图像的锐化处理来说，最重要的微分性质涉及灰度值恒定不变的区域、灰度突变的开始位置和结束为止的微分性质，以及沿灰度等级变化斜坡处的微分特征。上面提到的灰度突变可用于使图像中的噪声点、线条和对象边缘特征化，有助于锐化处理。

数学函数的微分可以用不同的术语定义，但对于一阶微分的任何定义都必须保证以下几点：首先，在灰度值不变的区域，灰度分布的微分值应该等于零；其次，在灰度值变化的阶梯或斜坡的起始位置，灰度分布的微分值应该非零，第三，灰度渐变的中间部分成为斜坡面，在这些部位的微分值也应该是非零。

图像某一点灰度值的变化程度可以用它的一阶微商来度量。对连续调图像，其中某一点灰度值变化率的最大值可以用计算梯度的方法得到。设原图像以 $f(x, y)$ 描述，图像中某一点的 (x, y) 梯度是一个矢量，定义为：

$$grad[f(x, y)] = \begin{bmatrix} \dfrac{\partial f(x, y)}{\partial x} \\ \dfrac{\partial f(x, y)}{\partial y} \end{bmatrix} \tag{6-11}$$

式中，$grad[f(x, y)]$ 表示图像函数 $f(x, y)$ 梯度，它考虑了 (x, y) 点的灰度沿 x 方向和 y 方向的变化率，指向灰度变化最大的方向。

点 (x, y) 之梯度的幅值被称为梯度的模，若以 $GM(x, y)$ 表示，则有：

$$GM(x, y) = |grad[f(x, y)]| = \sqrt{\left(\frac{\partial f(x, y)}{\partial x}\right)^2 + \left(\frac{\partial f(x, y)}{\partial y}\right)^2} \tag{6-12}$$

点 (x, y) 的灰度变化率总存在最大方向，由方向角定义，可用下式求出：

$$\theta = \tan^{-1}\left(\frac{\dfrac{\partial f(x, y)}{\partial x}}{\dfrac{\partial f(x, y)}{\partial y}}\right) \tag{6-13}$$

（2）离散函数的梯度计算

数字图像由离散的数字序列组成，故只能用差分法近似计算梯度，由于灰度变化率的大小用梯度的模衡量，因此需用差分法计算梯度模。通常，用差分法求梯度模的方法有两种：一种是向后差分，另一种称为 Roberts 梯度算子。此外，还有 Sobel 梯度算子、Prewit 算法、

LoG 算法等。

①向后差分求梯度模。如果定义数字图像行和列数字增加的方向为"后",并设数字图像中点 (i, j) 的灰度值以 $g(i, j)$ 表示,则用向后差分法计算梯度模可表示为下述公式:

$$GM(i, j) = \sqrt{[g(i, j+1) - g(i, j)]^2 + [g(i+1, j) - g(i, j)]^2} \quad (6-14)$$

为运算简便,可将式(6-14)简化为:

$$GM(i, j) = |g(i, j+1) - g(i, j)| + |g(i+1, j) - g(i, j)| \quad (6-15)$$

②Roberts 梯度算子。该算法可表示为:

$$GM(i, j) = \sqrt{[g(i+1, j+1) - g(i, j)]^2 + [g(i+1, j) - g(i, j+1)]^2} \quad (6-16)$$

式(6-16)可简化为:

$$GM(i, j) \approx |g(i+1, j+1) - g(i, j)| + |g(i+1, j) - g(i, j+1)| \quad (6-17)$$

利用式(6-14)~(6-17)计算梯度模时,图像最后一行和最后一列像素的梯度无法计算,可用图像中前一行或前一列的梯度代替。

由式(6-15)和(6-16)可见,计算梯度(模)时利用了一个4点领域,多少与双线性插值相似,且梯度模正比于像素的灰度值之差,因此,图像中灰度变化较大的边缘区域其梯度值较大;而灰度变化平缓的边缘区或灰度仅有细微变化区域的梯度较小;对灰度均匀分布的区域,梯度之为0.

③Sobel 梯度算子。该算法可表示为:

$$GM(i, j) = \sqrt{(S_x)^2 + (S_y)^2}$$
$$S_x = [f(i+1, j-1) + 2f(i+1, j) + f(i+1, j+1)] -$$
$$[f(i-1, j-1) + 2f(i-1, j) + f(i-1, j-1)]$$
$$S_y = [f(i-1, j+1) + 2f(i, j+1) + f(i+1, j+1)] -$$
$$[f(i-1, j-1) + 2f(i, j-1) + f(i+1, j-1)] \quad (6-18)$$

由于引入平均,对图像中随机噪声有一定的平滑作用,边缘两侧元素得到加强,故边缘显得粗而亮。Sobel 梯度算子的使用与分析:直接计算 ∂y、∂x 可以检测到边的存在,以及从暗到亮、从亮到暗的变化;仅计算 $|\partial x|$,产生最强的响应是正交于 x 轴的边;$|\partial y|$ 则是正交于 y 轴的边。

④Prewit 算法。Prewit 算法对数字图像的每个像素,考察它上、下、左、右邻点灰度之差。与使用 Sobel 算子的方法一样,图像中的每个点都用这两个核进行卷积,取最大值作为输出。PreWitt 算子也产生一幅边缘幅度图像。Prewitt 算子利用像素上下、左右邻点灰度差,在边缘处达到极值检测边缘。对噪声具有平滑作用,定位精度不够高。

⑤LoG 算法。LoG 算法是一种二阶边缘检测方法。它通过寻找图像灰度值中二阶微分中的过零点来检测边缘点。LoG 算子模板的基本要求是对应中心像素的系数是正的,而对应中心像素邻近的系数应是负的,且它们的和应为零。

(3)梯度法图像锐化

梯度模算得后,就可根据锐化目的生成不同的梯度增强图像。基于梯度的锐化处理技术常用于工业检测、产品缺陷的计算机辅助检测等视觉分析,也适用于通用目标的自动检测的预处理,突出目标物的细小缺陷并去除灰度缓慢变化的背景。

①以梯度模代灰度。第一种通过梯度值增强图像的方法直接使用梯度模，即以点 (i, j) 算得的梯度模代替该点的灰度。设变换后的灰度为 $g^*(i, j)$，则锐化处理的结果为：

$$g^*(i, j) = GM(i, j) \qquad (6-19)$$

用式（6-19）进行图像增强的缺点是被增强的图像仅显示灰度变化比较陡的边缘轮廓，而灰度变化较为平缓的或均匀的区域则呈黑色，但对于以缺陷检测或要求突出目标物的应用领域，或许算不上缺点，只要检查出目标物就是达到了处理目的。

②阈值法。第二种利用算得的梯度模增强图像的方法实际上是梯度模代灰度的变体，原图像的像素集合由阈值 T 划分为两部分，通过下式计算像素新值：

$$g^*(i, j) = \begin{cases} GM(i, j), & GM(i, j) \geq T \\ g(i, j), & GM(i, j) < T \end{cases} \qquad (6-20)$$

阈值 T 应该取非负数值。只要阈值的大小选择适当，则既可使明显的边缘轮廓得到突出，又不会破坏图像中灰度变化较为平缓的背景区域。

③背景不变法。算得梯度模以后并不直接使用它，而是用梯度模作为判断的依据，或者说是对于梯度模的间接应用，表示为下面这样的关系：

$$g^*(i, j) = \begin{cases} L_G, & GM(i, j) \geq T \\ g(i, j), & GM(i, j) < T \end{cases} \qquad (6-21)$$

式中，T 仍然表示一个非负的阈值，L_G 是根据需要指定的一个灰度值。因此，这一方法是将图像中灰度变化较大的边缘用一固定的灰度级 L_G 代替原灰度，其他区域像素的灰度值则不变，即背景的像素值不变。

④背景固定灰度值。这一方法的基本思想是，如果梯度模小于某一预先确定的阈值，则用一个指定的灰度值代替原像素的灰度值，而其他像素的灰度则用算得的梯度模代替。背景固定灰度法常用于研究目标对象边缘灰度的变化。可用下式表示：

$$g^*(i, j) = \begin{cases} GM(i, j), & GM(i, j) \geq T \\ L_B, & GM(i, j) < T \end{cases} \qquad (6-22)$$

⑤二值图像法。算得图像中每一点的梯度后，可按原图像边缘灰度变化的特点转换为二值图像，以研究边缘所在的位置。可用公式表示为：

$$g^*(i, j) = \begin{cases} L_G, & GM(i, j) \geq T \\ L_B, & GM(i, j) < T \end{cases} \qquad (6-23)$$

（4）梯度法图像锐化应用

对一幅脑部扫描图像采用 Roberts 梯度算子和 Sobel 梯度算子进行阈值法的图像锐化，如图 6-8，图 6-9 所示。

可见，Sobel 算子法的锐化方法最好，因为在锐化的方法中，Sobel 算子法由于引入平均，对图像中随机噪声有一定的平滑作用，边缘两侧元素得到加强，故边缘显得粗而亮。相比其他的方法，它对图形的边缘和灰度跳变部分有很好的加强效果。

6.1.3.2　拉普拉斯算子

拉普拉斯算子法锐化图像是二阶微分的应用。对图像的锐化处理来说，人们最关注的问题是希望找到一种各向同性的滤波器，这种滤波器的响应与图像内灰度突变的方向无关。因此各向同性滤波器具有旋转不变特性，这意味着执行下面两种操作可得到相同的结果：操作方法一：先旋转图像，再用各向同性滤波器处理旋转后的图像；操作方法二：先用各向同性滤波器处理图像，再旋转锐化图像。

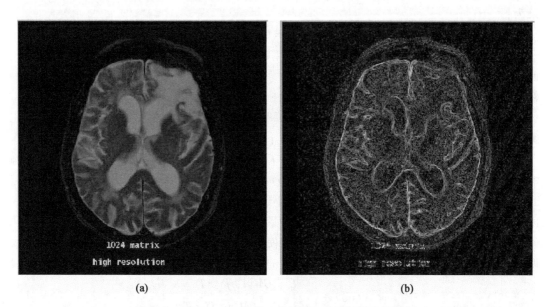

(a)   (b)

图 6 −8 采用 Roberts 梯度算子进行阈值法的图像锐化

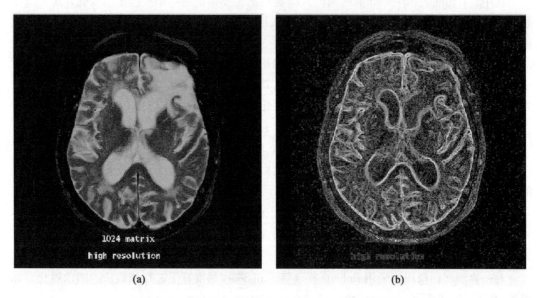

(a)   (b)

图 6 −9 采用 Sobel 梯度算子进行阈值法的图像锐化

最简单的各向同性微分算子是拉普拉斯算子，而与拉普拉斯算子有关的是拉普拉斯变换。设二维连续调图像任一点 (x, y) 的灰度值为 $f(x, y)$，则拉普拉斯变换定义为函数 $f(x, y)$ 对自变量 x 和 y 的二阶偏微商之和，并简记为 $\nabla^2 f(x, y)$，即：

$$\nabla^2 f(x, y) = \frac{\partial^2 f(x, y)}{\partial x^2} + \frac{\partial^2 f(x, y)}{\partial y^2} \qquad (6-24)$$

对于任意的二维函数，式（6 −24）简记为：

$$\nabla^2 f = \frac{\partial^2 f}{\partial x^2} + \frac{\partial^2 f}{\partial y^2} \tag{6-25}$$

式中的 $\nabla^2 f$ 称为拉普拉斯算子。从上面对拉普拉斯算子的定义可以看出，用它对函数实施运算是一种各向同性的运算，不依赖于对象边缘的走向，这是它与梯度的最大区别。因此用拉普拉斯算子锐化图像能满足不同走向轮廓锐化的需求，在图像处理中经常要用到的。

拉普拉斯算子锐化二维图像的表达式：

$$f^*(x, y) = f(x, y) - \alpha \nabla f(x, y) \tag{6-26}$$

式中的 α 为锐化程度调节因子。

对于离散数字图像，通常用差分方法计算拉普拉斯算子。在求解一阶偏微商时，有向前差分和向后差分两种算法。仍然将行和列数字增加的方向定义为"后"，则用向前差分计算一阶偏微商的计算公式可写为：

$$\begin{cases} \dfrac{\partial g(i, j)}{\partial x} = g(i, j) - g(i, j-1) \\[2mm] \dfrac{\partial g(i, j)}{\partial y} = g(i, j) - g(i-1, j) \end{cases} \tag{6-27}$$

类似地，可写出用向后差分法计算一阶偏微商的公式：

$$\begin{cases} \dfrac{\partial g(i, j)}{\partial x} = g(i, j+1) - g(i, j) \\[2mm] \dfrac{\partial g(i, j)}{\partial y} = g(i+1, j) - g(i, j) \end{cases} \tag{6-28}$$

用差分法计算函数二阶偏微商时，采用向前差分和向后差分混合计算法，即计算一阶偏微商时采用向前差分法，而计算二阶偏微商时（对一阶偏微商的偏微商）时采用向后差分法。$\dfrac{\partial^2 g(x, y)}{\partial x^2}$ 可展开为：

$$\frac{\partial^2 g(x, y)}{\partial x^2} = \frac{\partial}{\partial x}\left[\frac{\partial g(x, y)}{\partial x}\right] = \frac{\partial}{\partial x}[g(i, j) - g(i, j-1)] = \frac{\partial g(i, j)}{\partial x} - \frac{\partial g(i, j-1)}{\partial x}$$

可以看到，在计算函数的一阶偏微商时采用了向前差分法，如果采用向前或向后混合差分，则计算上式中的两个偏微商时应该用向后差分法，即：

$$\frac{\partial^2 g(x, y)}{\partial x^2} = \frac{\partial g(i, j)}{\partial x} - \frac{\partial g(i, j-1)}{\partial x} = [g(i, j+1) - g(i, j)] - [g(i, j) - g(i, j-1)]$$

$$= g(i, j+1) + g(i, j-1) - 2g(i, j)$$

如果在计算对 y 的二阶偏微商时做类似的处理，则计算 (i, j) 点灰度值对 x 和 y 的二阶偏微商的差分计算公式为：

$$\frac{\partial^2 g(x, y)}{\partial x^2} = g(i, j+1) + g(i, j-1) - 2g(i, j)$$

$$\frac{\partial^2 g(x, y)}{\partial y^2} = g(i+1, j) + g(i-1, j) - 2g(i, j) \tag{6-29}$$

这样，数字图像的锐化处理公式可表达为：

$$g^*(x, y) = g(i, j) - \alpha[g(i, j+1) + g(i, j-1) + g(i, j+1) + g(i-1, j) - 4g(i, j)] \tag{6-30}$$

式中 α 为锐化程度调节因子，并满足 $\alpha \geqslant 0$，如果 $\sum\sum g(i, j)$ 取得越大，则图像锐化程

度越强烈。式（6-30）显得太长，需要做进一步的简化处理，为此，用 $\sum\sum g(i,j)$ 表示以 (i,j) 点为中心的上、下、左、右4点领域求和，即：

$$\sum\sum g(i,j) = g(i+1,j) + g(i-1,j) + g(i,j+1) + g(i,j-1) \qquad (6-31)$$

式（6-30）可简写为：

$$g^*(i,j) = (1+4a)g(i,j) - \alpha\sum\sum g(i,j) \qquad (6-32)$$

由式（6-30）和（6-32）可以看出，如果图像中没有轮廓，即 $g(i,j)$ 与四领域的像素值（灰度值）相等，则锐化处理后 $g(i,j)$ 点的灰度不变，从而也不产生锐化作用，满足前面提到的对灰度相等区域微分计算结果应该等于零的基本要求，因此，用拉普拉斯算子对图像进行锐化处理是一种较为合理的方法。

对连续调图像而言，拉普拉斯算子的各向同性特点十分明显。但对数字图像，由于用离散的像素值代替原稿的连续色调变化，只能用差分计算代替连续函数的偏微商计算，并由此而导致离散形式的拉普拉斯算子不再严格保持各向同性的性质。

在实际使用中时，通常用矩阵形式表示。可以将式（6-30）中的后半部分表示为算子与函数的乘积。引入一个称为四邻点的拉普拉斯算子，记为：

$$L_4(i,j) = \begin{bmatrix} 0 & -\alpha & 0 \\ -\alpha & 4\alpha & -\alpha \\ 0 & -\alpha & 0 \end{bmatrix} \qquad (6-33)$$

并记：

$$\{g(i,j)\} = \begin{bmatrix} g(i-1,j-1) & g(i-1,j) & g(i-1,j+1) \\ g(i,j-1) & g(i,j) & g(i,j+1) \\ g(i+1,j-1) & g(i+1,j) & g(i+1,j+1) \end{bmatrix}$$

则 L_4 与 $\{g(i,j)\}$ 的乘积为：

$$L_4(i,j)\{g(i,j)\} = -\alpha g(i,j-1) - \alpha g(i-1,j) - \alpha g(i,j+1) + 4\alpha g(i,j)$$

这样函数的锐化公式可简记为：

$$g^*(i,j) = g(i,j) + L_4(i,j)\{g(i,j)\} \qquad (6-34)$$

类似地，有8邻点的拉普拉斯算子为：

$$L_8(i,j) = \begin{bmatrix} -\alpha & -\alpha & -\alpha \\ -\alpha & 8\alpha & -\alpha \\ -\alpha & -\alpha & -\alpha \end{bmatrix} \qquad (6-35)$$

则用8邻点的拉普拉斯表示时，锐化公式可写为：

$$g^*(i,j) = g(i,j) + L_8(i,j)\{g(i,j)\} \qquad (6-36)$$

式（6-34）和（6-36）统一写为：

$$g^*(i,j) = g(i,j) + L_n(i,j)\{g(i,j)\} \qquad (6-37)$$

采用 3×3 的拉普拉斯算子 $\begin{bmatrix} 1 & 1 & 1 \\ 1 & -8 & 1 \\ 1 & 1 & 1 \end{bmatrix}$ 对一幅月亮图像进行锐化，如图6-10所示。

(a) 初始图像   (b) 拉普拉斯算子锐化图像

图 6 – 10   初始图像与拉普拉斯算子锐化图像

采用 genlaplacian（n）自动产生任一奇数尺寸 n 的拉普拉斯算子，分别采用 5×5、9×9、15×15 和 25×25 大小的拉普拉斯算子对图像进行锐化滤波，并利用式 $g(x, y) = f(x, y) - \nabla^2 f(x, y)$ 完成图像的锐化增强，观察其有何不同。

由图 6 – 11 可见，图像锐化的实质是将原图像与梯度信息叠加，相当于对目标物的边缘进行了增强。随着拉普拉斯算子选择子集的变大，图像变得模糊。

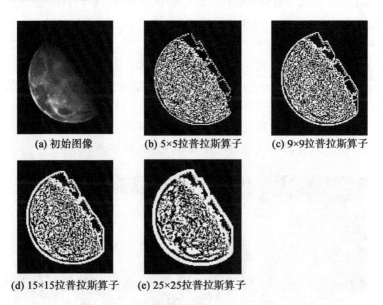

(a) 初始图像   (b) 5×5拉普拉斯算子   (c) 9×9拉普拉斯算子

(d) 15×15拉普拉斯算子   (e) 25×25拉普拉斯算子

图 6 – 11   初始图像与拉普拉斯算子锐化图像

6.1.3.3   USM 锐化

图像的锐化处理还可利用摄影工作者对底片进行暗房处理时广泛采用的蒙版法，通过聚焦的正像和散焦的负像在底板上叠加提高底片的清晰度，其中散焦的负像相当于一个模糊蒙版，用到数字图像处理时采用下述规则：

$$g^*(i, j) = g(i, j) + k[g(i, j) - \bar{g}(i, j)] \qquad (6 - 38)$$

式中，$g(i, j)$ 为原图像，$\bar{g}(i, j)$ 代表模糊图像，可用 $g(i, j)$ 经低通滤波得到平滑图像 $g_b(i, j)$ 代替；方括号中的相减部分反映图像的高频分量 $g_H(i, j)$，将它加权后与原图像相加可增强图像的高频分量，使图像轮廓清晰；k 是用来控制高频增强强度的常数。

在处理图像过程中可以使用 Adobe Photoshop 中"滤镜"／"锐化"菜单下的"锐化"、"锐化边缘"、"进一步锐化"和"USM 锐化"等工具进行锐化。前三种锐化工具较简单，不能设定参数，只有 USM（Unsharp Masking，模糊掩盖）锐化可以根据图像的特点设置不同的参数，完成不同要求的锐化。USM 锐化中参数设置很重要，只有参数设置合适才能提高图像的清晰度，达到预先的要求；而参数设置不当，容易出现光晕、锯齿、斑点和麻点的问题。下面简单分析一下 Photoshop 中的 USM 锐化处理时数量、半径、阈值三个参数的设定。

数量（Amount）选项影响模板中心元素的数值，数量选项越大，中心元素的值也越大，锐化效果越强。即数量选项控制锐化效果的强度，它决定了邻近像素对其他像素影响的程度。如果"数量"选项选的值太小，则锐化效果不明显；反之，会使图像看上去虚假，也会使杂色和斑点更突出。所以建议"数量"选项一般情况下选择 100% ~ 200%。同时也应该根据原稿内容和印刷效果而定。

半径（Radius）选项决定了 USM 锐化模板的大小及 x 的分布，即半径选项决定了 USM 锐化在加强相对对比度时的作用范围。如果半径值为 1，则从亮到暗的整个宽度是 2 个像素。半径越大，细节的差别也清晰，但同时会产生光晕。一般情况下"半径"选项应选的小一些，这样能产生清晰边界效果，否则"半径"选的过大，会产生高对比度的宽边界效果，使得图像粗糙，看上去不自然。有一个估计 Radius 值的简单方法，即将图像的输出分辨率除以 200。例如输出分辨率为 300 时，将 Radius 的值设为 1.5 会得到较好的效果。

阈值（Threshold）选项决定了模板能够作用的范围，设定了阈值后，低于此阈值的不进行处理，只有高于此阈值的才进行锐化处理。若阈值为 0，则处理所有区域；反之阈值越大，USM 锐化就只能处理图像中边缘较强的部分。采用低阈值能使整个图像看起来更清晰，所以一般情况下阈值选择 0 ~ 4。但对于人物图像要特殊一点，阈值可以选择 6 ~ 10，同时半径要小一些。

图 6 - 12 的原图像由于拍摄参数不正确导致聚焦不准，也可能是扫描参数不当引起模糊，因而轮廓不清楚，但用 USM 滤波器增强清晰度后效果好多了。

(a) 原图像　　　　　　　(b) 经USM处理的图像

图 6 – 12　原图像和经 USM 滤波处理后的图像

数值量控制了锐化的程度，数值越高，图像就越清晰，但并不是数值越高越好，过高的数值会使图片杂点增多，影响质量。半径值用于设置受影响的像素范围，即指定边缘旁边多大范围的像素被调整，如果半径值很高，图像会出现大面积的高光与暗部，失去细节。阈值是用来确定锐化的像素必须与周围区域相差多少，才被滤镜当作边缘像素并被锐化，阈值数值较高时，图像比较柔和，数值较低时，图像比较锐利。在调整这几个值时要多观察，取最合适的数值。

6.2 频率域图像增强

为了在频率域内增强图像，需要将原图像的灰度分布从空间域变换到频率域中。在频率域的图像平滑处理是一维信号低通滤波概念在二维图像中的直接推广。

频率域图像增强的基本原理是，数字图像经二维傅里叶变换后，噪声频谱一般位于频率较高的区域，而图像本身的频谱分量则处于频率较低的区域。因此可以通过低通滤波的方法，是低频分量通过，高频分量被抑制，实现图像平滑的目标。二维连续调图像的傅里叶频谱可由下式变换得到：

$$F(u,v) = \int_{-\infty}^{\infty}\int_{-\infty}^{\infty} f(x,y)\exp\{-j2\pi(ux+vy)\}dxdy \qquad (6-39)$$

如果已知二维连续调图像的频谱分布，则原图像可通过下面的傅里叶逆变换得到：

$$F(x,y) = \int_{-\infty}^{\infty}\int_{-\infty}^{\infty} F(u,v)\exp\{j2\pi(ux+vy)\}dudv \qquad (6-40)$$

根据上述两个公式，可得到离散形式的频谱分量。设数字图像的频谱分布为 $G(u,v)$，经平滑处理后的频谱分布为 $G'(u,v)$，则滤波的数学表达式可写为：

$$G'(u,v) = H(u,v)G(u,v) \qquad (6-41)$$

式（6-41）中 $H(u,v)$ 是滤波转移函数，又称为频谱响应。如果 $H(u,v)$ 是一个低通滤波器，则变换后的低频分量通过，高频分量被截止，这用来对图像进行平滑；若 $H(u,v)$ 是一个高通滤波器，则高频分量通过，低频分量被抑制，这通常用于将图像锐化。

6.2.1 低通滤波

在频率域中平滑图像所使用的低通滤波器有4种，分述如下。

（1）理想低通滤波器

理想低通滤波器的转移函数为：

$$H(u,v) = \begin{cases} 1, & D(u,v) \le D_0 \\ 0, & D(u,v) \ge D_0 \end{cases} \qquad (6-42)$$

$$D(u,v) = \sqrt{u^2+v^2} \qquad (6-43)$$

式（6-42）、（6-43）中，D_0 是截止频率，$D(u,v)$ 是点 (u,v) 到频谱平面原点的距离。

从式（6-42）可见，理想低通滤波器有陡峭的截止特性。不过，滤波的效果并不好，

原因在于有用的高频分量被过滤后，图像变得模糊。

由于理想低通滤波器的频率响应具有垂直的锐截止边，因此，理想低通滤波器会产生所谓的"振铃"效应，它与振铃向外散发的声波而得名，为了减少乃至消除振铃效应，滤波器频率的响应具有光滑而缓慢下降的特性。

理想低通滤波器过滤掉10%的高频能量时，图像中绝大部分细节将丢失，滤波图像没有实际用途；过滤掉5%的高频能量时，图像的多数细节仍丢失，且继续有明显的振铃效应；仅过滤掉1%的高频能量时，图像产生一定程度的模糊，但视觉效果尚可；若过滤掉0.5%的高频能量，则过滤效果良好，不仅保留了细节，而且实现了图像的平滑。

（2）巴特沃斯低通滤波器

巴特沃斯低通滤波器的转移函数为：

$$H(u,v) = \frac{1}{1 + \left[\frac{D(u,v)}{D_0}\right]^{2n}} \qquad (6-44)$$

式中，D_0 是截止频率，n 为滤波器的阶数（取正整数），用于控制转移曲线的形状。当 $D(u,v) = D_0$ 时，$H(u,v)$ 降为最大值的1/2，这也是确定的 D_0 原则，即当 $H(u,v)$ 下降至原来1/2时的 $D(u,v)$ 值为截止频率。

由于巴特沃斯低通滤波器的特性曲线较平滑，因此变换后图像的模糊程度将比理想低通滤波器得到的结果低。用巴特沃斯低通滤波器处理图像无振铃效应，图像被模糊程度很轻，噪声被消除程度较好，是4种滤波器中滤波效果最好的。

（3）指数低通滤波器

指数低通滤波器的转移函数可写为：

$$H(u,v) = \exp\left\{-\left[\frac{D(u,v)}{D_0}\right]^n\right\} \qquad (6-45)$$

式中，n 为滤波器的阶数，D_0 是截止频率。当 $D(u,v) = D_0$ 时，$H(u,v)$ 降为最大值的1/e。

指数低通滤波器处理后的模糊程度比巴特沃斯低通滤波器更严重些，但同样没有振铃效应，噪声被过滤效果较好。这是由于指数低通滤波器有平滑的特性曲线，从通过频率到截止频率间是一光滑带。当 $n = 2$ 时为高斯低通滤波器。

（4）梯形低通滤波器

梯形低通滤波器的性能介于理想低通滤波器和完全平滑滤波器之间，对图像有一定的模糊效应，转移函数为：

$$H(u,v) = \begin{cases} 1, & D(u,v) < D_0 \\ \dfrac{D(u,v) - D_1}{D_0 - D_1}, & D_0 \leqslant D(u,v) \leqslant D_1 \\ 0, & D(u,v) > D_1 \end{cases} \qquad (6-46)$$

式中的 D_0 和 D_1 要求预先指定，且满足截止频率 $D_0 < D_1$ 的条件，其中 D_1 的值应调整得既能平滑噪声，又使图像保持允许的清晰度。

梯形低通滤波器处理图像时清晰度比使用理想低通滤波器有所改善，振铃效应也有所减弱，但没有巴特沃斯低通滤波器和指数低通滤波器那样好。

如图6-13、6-14、6-15所示为设计的理想低通滤波器、巴特沃斯低通滤波器和高斯低通滤波器的透视图，从图中可见，高斯滤波器剖面线最平滑，二阶巴特沃斯低通滤波器函数剖面线较为紧凑，而理想滤波器完全为圆筒状结构，未考虑选择范围内不同信息频率的差别化处理。

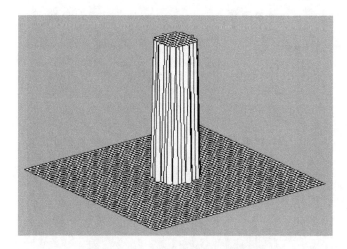

图6－13　理想低通滤波器透视图

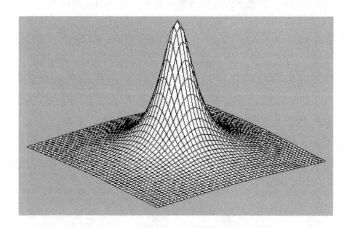

图6－14　巴特沃斯低通滤波器透视图

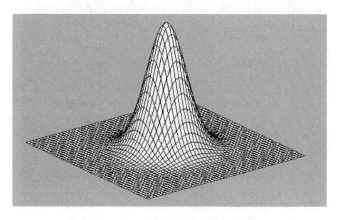

图6－15　高斯低通滤波器透视图

采用理想低通滤波器、巴特沃斯低通滤波器和高斯低通滤波器对图像进行滤波。

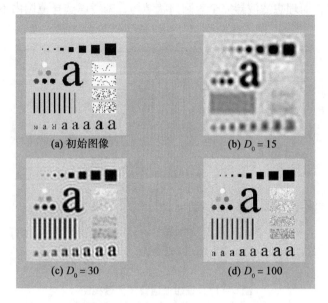

(a) 初始图像　　(b) $D_0 = 15$

(c) $D_0 = 30$　　(d) $D_0 = 100$

图 6 – 16　理想低通滤波器滤波效果（$D_0 = 15$，30，100）

　　图 6 – 16 为理想低通滤波器滤波效果。当截止频率 $D_0 = 15$ 时，滤波后的图像模糊，难以分辨，振铃现象明显。当 $D_0 = 30$ 时，滤波后的图像模糊减弱，能分辨出字母与图形轮廓，但由于理想低通滤波器在频率域的锐截止特性，滤波后的图像仍有较明显的振铃现象。当 $D_0 = 100$ 时，滤波后的图像比较清晰，但高频分量损失后，图像边沿与文字变的有些模糊，在图像的边框（如条带和矩形轮廓）附近仍有轻微振铃现象。

　　图 6 – 17 中显示了 3 种二阶巴特沃斯低通滤波器的滤波效果，各截止频率同图 6 – 16。二阶的巴特沃斯低通滤波器显示了轻微的振铃和较小的负值，但远不如理想滤波器明显。

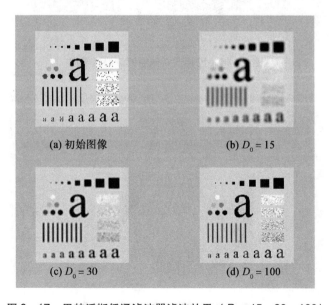

(a) 初始图像　　(b) $D_0 = 15$

(c) $D_0 = 30$　　(d) $D_0 = 100$

图 6 – 17　巴特沃斯低通滤波器滤波效果（$D_0 = 15$，30，100）

一阶巴特沃斯滤波器无振铃现象，在二阶中振铃通常很微小。阶数越高振铃现象越明显，一个20阶的巴特沃斯低通滤波器已经呈现出理想低通滤波器的特性。

图6-18中显示了3种高斯低通滤波器的滤波效果，各截止频率同图6-16。高斯低通滤波器无法达到有相同截止频率的二阶巴特沃斯低通滤波器的平滑效果，但此时结果图像中无振铃现象产生。

图6-18　高斯低通滤波器滤波效果（$D_0 = 15$，30，100）

6.2.2　高通滤波

与低通滤波器相似，常用的高通滤波器也有4种。

（1）理想高通滤波器

理想的高通滤波器的传递函数可写为：

$$H(u,v) = \begin{cases} 0, D(u,v) \leqslant D_0 \\ 1, D(u,v) \geqslant D_0 \end{cases} \qquad (6-47)$$

对理想高通滤波器，当频率平面上某点到原点的距离小于截止频率D_0时，转移函数值为0，变换后的频率为0，说明图像中的低频分量将被滤去；当频率达到一定的数值后（标志是频率平面上的该点到原点的距离超过截止频率D_0），大于这一数值的频率分量将通过，且等于原图像频率。

（2）巴特沃斯高通滤波器

巴特沃斯高通滤波器的传递函数为：

$$H(u,v) = \frac{1}{1 + \left[\dfrac{D_0}{D(u,v)}\right]^{2n}} \qquad (6-48)$$

式中，n为滤波器的阶数，D_0为截止频率，$D(u,v)$是点(u,v)到频率平面原点的距离，即：

$$D(u,v) = \sqrt{u^2 + v^2} \tag{6-49}$$

频率平面上某点到原点的距离小于截止频率 D_0 时，$\left[\dfrac{D_0}{D(u,v)}\right]$ 大于1，转移函数的值小于1，频率分量越低，转移函数值也越低；当 $D(u,v) = D_0$ 时，若 $n=1$，则当 $H(u,v) = 0.5$，滤波结果取原频率的一半；频率分量的模大于截止频率时，$\left[\dfrac{D_0}{D(u,v)}\right]$ 小于1，转移函数值接近于1，频率越高，越接近1，高频分量基本通过。

（3）指数高通滤波器

指数高通滤波器可用下述数学公式写出：

$$H(u,v) = \exp\left\{ -\left[\frac{D_0}{D(u,v)}\right]^n \right\} \tag{6-50}$$

式中，n 为滤波器的增长速率因子，D_0 为截止频率，$D(u,v) = \sqrt{u^2 + v^2}$。当 $n=2$ 时为高斯高通滤波器。

（4）梯形高通滤波器

梯形高通滤波器可用下式表示：

$$H(u,v) = \begin{cases} 0, & D(u,v) < D_1 \\ \dfrac{D(u,v) - D_1}{D_0 - D_1}, & D_1 \leqslant D(u,v) \leqslant D_0 \\ 1, & D(u,v) > D_0 \end{cases} \tag{6-51}$$

式中，D_0 和 D_1 需按锐化要求事先指定，且 $D_0 > D_1$。

梯形高通滤波器的特征是：当频率分量小于某一数值时〔其表现是 $D(u,v) < D_1$〕，滤波转移函数取0，所有低于这一频率的分量均不能通过，因此 D_1 可称为低频截止频率；当频率分量大于某一数值时〔标志是 $D(u,v) > D_1$〕，滤波转移函数取1，高于这一频率的分量均可通过，故可将 D_0 称为高频通过频率；当频率分量介于低频截止频率和高频通过频率之间时，转移函数值线性增加，即锐化后的频率分量也线性增加。

图6-19、6-20、6-21所示为设计的理想高通滤波器、巴特沃斯高通滤波器和高斯高通滤波器的透视图。图6-22为三种高通滤波器的投影图。

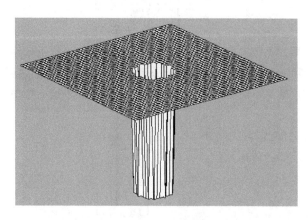

图6-19　理想高通滤波器透视图

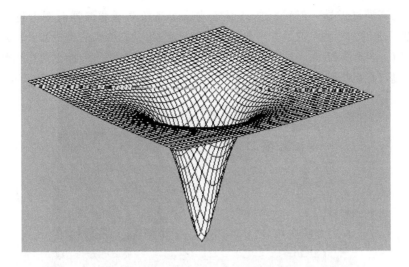

图6-20　巴特沃斯高通滤波器透视图

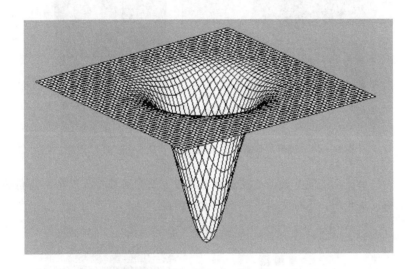

图6-21　高斯高通滤波器透视图

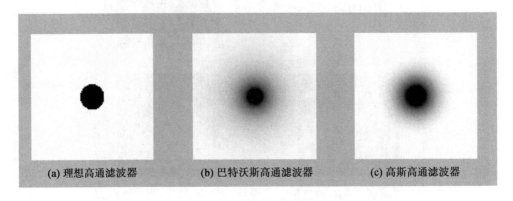

(a) 理想高通滤波器　　　　(b) 巴特沃斯高通滤波器　　　　(c) 高斯高通滤波器

图6-22　理想、巴特沃斯及高斯高通滤波器投影图

采用理想高通滤波器、巴特沃斯高通滤波器和高斯高通滤波器对图像进行滤波。图6-23为理想高通滤波器滤波效果。当 $D_0=15$ 时，滤波后的图像无直流分量，但灰度的变化部分基本保留。当 $D_0=25$ 时，滤波后的图像在字母和图像轮廓的大部分信息仍然保留。当 $D_0=80$ 时，滤波后的图像只剩下字母笔画转折处、条带边缘及斑点等信号突变的部分。

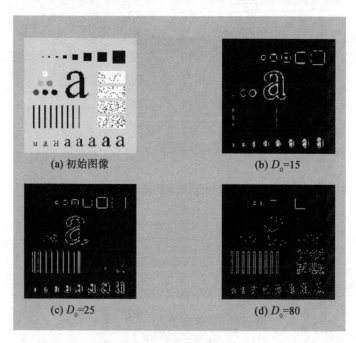

图6-23　理想高通滤波器滤波效果（$D_0=15$，25，80）

图6-24为巴特沃斯高通滤波器滤波效果。类似于低通滤波器，巴特沃斯高通滤波器比理想高通滤波器更加平滑，边缘失真情况比后者小得多。

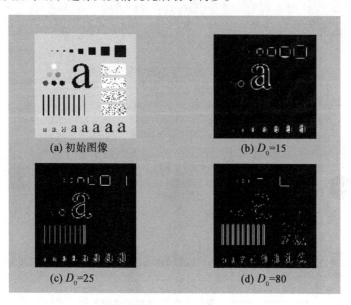

图6-24　巴特沃斯高通滤波器滤波效果（$D_0=15$，25，80）

图 6 – 25 为高斯高通滤波器滤波效果。高斯高通滤波器得到的结果比前两种滤波器更为平滑，结果图像中对于微小的物体（如斑点）和细条的过滤也是较为清晰的。

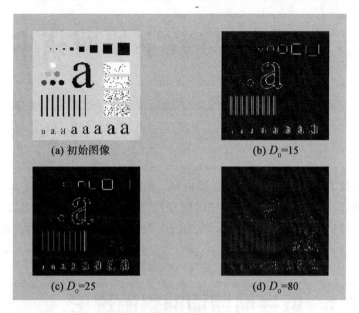

图 6 –25　高斯高通滤波器滤波效果（$D_0 = 15$，25，80）

第**7**章 二值化与数字加网技术

图像二值化技术是图像处理技术的重要内容，如图像的特征提取、文字识别、数字加网等都需要对图像进行二值化操作。印刷中的网目调技术就是将灰度或彩色图像的多值表示，通过调频加网或调幅加网技术，变化为网点内的油墨量（网点大小或稀疏程度）表示。

7.1 数字网目调的基础理论

随着近年来桌面打印技术和输出设备的快速发展，人们对输出图像的质量也提出了更高的要求。通过调节网点的产生方式控制网点的位置或大小，通过更好的算法实现对印刷原稿的数字化加网，对更好地再现印刷原图像的色调和提高印刷品的质量显得尤为重要。正因如此，研究数字网目调与数字加网技术具有重要的现实意义和应用价值。

早在 100 多年前，印刷业中就有人开始考虑并试验只用黑白点来表现连续色调的图案，这就是最早的网目调技术（Halftoning）。加网技术最早可以追溯到 1885 年，由 Stephen Hargo 发现。由于二值图像只有黑、白两种可能的像素颜色，不能体现连续调图像的具体阶调信息，原图像的灰度可以通过网目调算法以黑点的大小或疏密来表现连续图像的明暗和层次。

7.1.1 数字网目调的概念

"网目调"一词来源于英文"Halftone"，本意为"浓淡"。数字网目调技术是基于人眼的视觉特性和图像的呈色特性，利用数学、计算机等工具，在二值设备或多色二值设备上实现图像最优再现的一门关键性技术，它将连续调图像经过处理后输出二值图像，是实现图像阶调再现的基础。

二值图像是只有两个灰度级（0 或 1）的图像，是数字图像的重要子集。文字、指纹和工程图等图像是二值的，将彩色图像或灰度图像变换为二值图像后，处理时可提高效率。二值图像能用几何学中的概念进行分析和特征描述，比分析和处理同尺寸灰度图像方便。

数字网目调技术首先将具有连续色调的图像转化为二值图像阵列，并打印到打印介质上，使输出的二值图像阵列给人造成一种视觉上的连续色调效果，从而实现数字加网。由于人眼的低通滤波特性，即当人近距离观看打印输出的二值图像时，可以看到单个的点，此时视觉效果不连续；但当在远距离观看时，就察觉不到单个点的存在。由于打印出的网目调图像局部平均灰度值近似于原始图像的局部平均灰度值，在整体上产生了输出图像中的多种灰度感觉，在视觉上形成连续色调的效果。

网目调工艺的本质就是实现数字图像的二值化。印前的图像二值化操作目的是在图像二值化时实现加网。

7.1.2 网目调技术的应用

网目调技术可以应用在任何需要将灰度层次丰富的图像用较少颜色来表现出来的场合，如在单色打印机上对图像进行打印输出、单色报纸的印刷出版或者在通过单色的传真机将图像进行发送的过程中。现在使用的激光打印机、照相复制、平版印刷机和喷墨打印机等设备，以及 CTP 制版技术，均广泛采用数字加网技术。

数字网目调技术经过多年的发展，在许多领域取得了长足的发展并建立了较为完善的理论体系，该技术还广泛用于数字图像的压缩存储、图像的传输、纺织和医学等领域。

7.1.3 加网参数

我们将可调节的参数变量称为加网参数。一般包含网目线数、网点面积、网点形状、网目角度，而这些参数对印刷图像是否忠实于原稿起着至关重要的作用。网目线数和网点大小取决于印刷品对精度的要求，网点形状的选择需要考虑原稿的阶调分布特点，而选择加网角度时必须要考虑避免可能会出现的明显的莫尔条纹。

7.1.3.1 网目线数

网目的线数指单位长度内的网点数，又称加网线数。它反映了相邻网点中心的距离。加网线数的度量是沿加网角度方向进行，而并非沿水平或垂直方向。加网线数以每英寸的线数（lpi）或每厘米的线数（l/cm）来表示。线数愈多，网点越小，画面表现的层次就愈丰富；反之，线数少，网点大，以网点组成的画面则显得粗糙。加网线数的选择与画面的大小、使用条件（几度视角内观看）、打印介质的种类和质量、印刷机的套准精度、晒版和印刷工艺条件等多种因素相关，应根据具体情况选择决定。例如，胶印机工艺中新闻纸印刷一般为 60~120lpi，非涂布纸为 100~133lpi，涂布纸为 150~200lpi。数字加网时的加网线数不能因印刷材料优、印刷设备好，而一味追求高加网线数，否则会适得其反，图像质量反而降低。

我们知道人的正常视觉其极限分辨能力是有一定的限度的，如果网点的大小、网点之间的距离小于视觉的极限分辨能力，便不能区别网点（在 250mm 的距离内，能够分辨清楚 0.1mm 间隔的两个小点，视角为 1′左右）。两点 a、b 间的距离 S 与视距 L 和视角 R 的关系，其函数关系为

$$S = L \cdot R$$
$$0.1mm = 250mm \times 0.0004 \tag{7-1}$$

当网线增加时（线数多），a、b 两个网点之间的距离 S 便缩小，如果要使眼睛能够分辨这两个点，只有缩小视距 L。彩色网点（或单色）印刷品，在观赏时若感觉画面的色彩均匀，层次和色调丰富，看不出网点状，观赏者对印刷品的视矩一定是超过了可分辨的距离，如表（7-1）中所列的"最大视距"。

表 7 – 1　最大视距和网目线数的关系

最大视距（mm）	网目线数（l/in）	网目线数（l/cm）	网点间隔（mm）
1058	30	12	0.423
625	50	20	0.250
454	70	28	0.181
374	85	34	0.149
318	100	40	0.127
265	120	48	0.106
239	133	53	0.095
212	150	60	0.085
181	175	70	0.073
159	200	80	0.064

7.1.3.2　网点大小（网点面积率）

网点大小指的是单个网点的面积，是一个绝对的概念；而网点面积率则是指在单位面积内网点所占面积的比例，是一个相对的概念。网点的面积取决于加网线数的疏密和图像的色调层次。网点面积越小，表达的颜色越浅，网点面积越大，它表达的颜色越深，如图 7 – 1 所示。也就是说，网点图像是以网点的大小和其周围的白色在眼睛中形成不同的颜色深浅来表现图像的色调的。

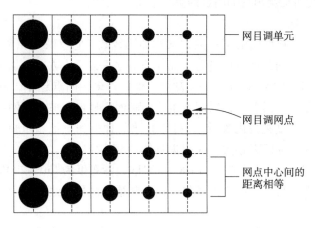

图 7 – 1　网点大小

在加网线数固定的情况下，通常可以用网点面积率表示网点大小，一般都是将它们分为 10 个层次，以 22 个级别来表示。通常所称的亮调网点成数为 0.5 ~ 3.5，中间调为 3.5 ~ 6.5，暗调为 6.5 ~ 10。阴图底片是以透明白点的大小来判定成数，阳图底片或印刷品上则以黑点（或着墨的点）的大小来判定。

单个网点的面积（网点大小）S 与网点面积率 P 和加网线数 L 的关系是：

$$S = P \times \frac{1}{L^2} \qquad (7 - 2)$$

由此，可以计算正方形网点的边长、圆形网点的半径等参数。

7.1.3.3　网点形状

常见网点的形状有方形点、圆形点、菱形点等多种，如图 7－2 所示。同一大小的网点因形状不同，其周长也不同。圆形点的周长最大，因而网点增大率最大。

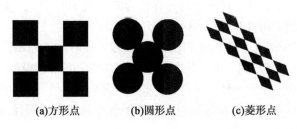

(a)方形点　　　　　(b)圆形点　　　　　(c)菱形点

图 7－2　网点形状

网点在由小到大的过程中，总有开始搭接的部位。在这个部位上，由于网点的搭接会造成印刷品密度的突然上升，因而破坏了印刷品的连续性，造成中间调的跳跃和层次损失。连续调图像会由于密度突跃造成层次过渡不均匀。上述三种网点中，方形点在50%处搭接，圆形点约在70%处搭接，菱形点约在40%和60%处搭接。相比之下，菱形网点的图像质量要好些，因为它的搭接部位避开了中间调，并且搭接分成两次，减弱了密度跳升程度。正因为如此，如果图像反差小、柔和，可用菱形网点；如果图像反差大，可用方形或圆形网点。

随着数字出版技术的发展，除上述的网点形状外，欧几里德网点、卵形网点、椭圆形网点等几种网点形状也经常被使用，读者感兴趣的话可以自行查阅。

7.1.3.4　网目角度

网目角度又称加网角度，是指网点中心连线与水平方向的夹角。通常 45°的网目角度对视觉最舒服，表现稳定而不呆板，是最佳的网目角度。15°和 75°次之，它们虽不够稳定，但也不呆板；0°（90°）的视觉效果最差，它很不稳定，一旦角度有微小的变化，就会产生较大的龟纹。这就是为什么在四色印刷中要把黄色安排在 0°的原因。

合理地选择网目角度要考虑的主要问题是避免在四色印刷过程中因相同频率的网屏相互叠印而出现干扰人眼的条纹（龟纹）。对四色套印各色版理想的网目角度差均应采用 30°，但在90°内是无法做这样的安排的。前面已经提到，最普遍使用的网目角度是 0°、15°、45°和 75°。

黄版宜安排在 0°。将最佳的 45°网目角度安排给哪一色版需根据原稿的内容和特征来决定，在彩色印刷中，45°网目角度应安排给最主要的色版，而 15°和 75°则安排给其他两个强色。例如，在以人物为主的暖色调原稿中可将黄、青、品红和黑分别安排在 0°、15°、45°和75°，其中黑色起着骨架的作用。

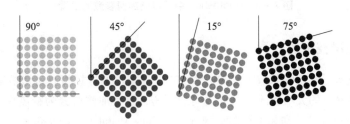

图 7－3　四色印刷中加网角度

7.1.4　前端加网与后端加网

数字加网可以分为前端加网和后端加网。前端加网指的是直接在 Photoshop 或其他应用软件内部设置好加网参数，实现转换加网并存储为 EPS 或 TIFF 格式；后端加网是将拼版文件传送到专用工作站统一由 RIP 实现加网操作。

一般情况下，现代印前工艺流程中在图文处理阶段不加网，完成图形、图像、文字制作工序后拼版，再将拼版文件传送到专用工作站，由 RIP 实现统一的加网操作，这样称为后端加网。

在数字印前技术中，还有一种处理方法，根据印刷品的质量要求和图像复制工艺软件的条件，在印前阶段，可直接由设置好加网参数的图像处理软件对图像进行加网处理，并以 EPS 格式存储，这样叫做前端加网。

Photoshop 中前端加网的具体的操作步骤是：首先在通道面板中用 Split Channels 命令将 CMYK 图像分离成 4 幅独立的灰度图像，然后分别用 Bitmap 命令加网，最后将加网后的图像以支持二值图像的格式存储为 EPS 格式或 TIFF 格式。

Frequency：用户要求的加网线数（保证图像分辨率不低于将要采用的加网线数，对45°方向的加网操作，图像分辨率不低于1.5倍的加网线数）。

Angle：加网角度（单色采用45°的加网角度。以黑版为主的原稿中，一般四色套印安排为：黄版0°、青版15°、黑版45°、品红版75°）。

Shape：网点形状，菱形、圆形（产品、黑白印刷），椭圆形（人物主题），方形（需要边界鲜明的主题）等形状，将影响最终复制效果。

值得注意的是，虽然以 PostScript 标准设计的 RIP 会很好地继承包含在 EPS 文件里的加网参数，但是此时还不是真正的前端加网，只有通过 Bitmap 命令下的 Halftone Screen 选项实现的才是真正意义上的前端加网。如图7-4所示。

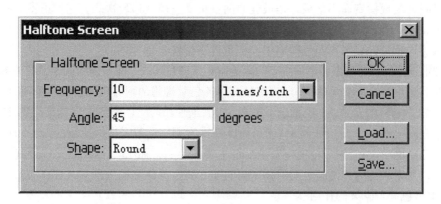

图7-4　Photoshop 中网目调加网参数的设置

7.1.5　加网技术的分类

数字加网技术是实现印前数字化的必然要求，其技术的好坏将直接影响图像的复制和印刷效果。按改变网点的大小和改变网点之间的距离，数字加网可分为幅度调制加网（Amplitude Modulated screening）和频率调制加网（Frequency Modulated screening）。其中，调幅加网一般采用点聚集态加网技术，而调频加网则采用点离散态加网技术。

7.2 调幅加网和调频加网的定义

7.2.1 调幅加网

调幅加网方法使用密度（单位面积内出现的数量）一定的网点，用网点的大小来表现图像的灰度层次（图像的深浅）。调幅网点位置固定、大小可变，可以有效克服打印过程中的网点增大，是一种比较成熟的加网方法。由于其计算量比较低，印刷再现稳定及均匀性好，在高分辨率的情况下具有很好的效果，是目前主流的加网方式。

调幅加网技术能完美地再现中间调，但在亮调区和暗调区，印刷机无法控制过小的网点或空白点，而导致网点丢失、并级、糊版，难以再现图像的细节。调幅加网牺牲了图像的分辨率，不能很好地再现图像的表现能力和细节分辨率，而且易出现龟纹和玫瑰斑。

调幅加网技术是以中心旋点方式向外增长形成最终的网点，其基本特征表现为：

①点中心具有固定的空间位置，它决定了加网线数（频率）和加网角度。

②每一网点与相邻网点保持它们的中心距离不变。

③网点的大小由图像的灰度等级调制，即每一网点从中心胞点增长的程度由图像的灰度等级控制。

在数字加网技术中，调幅加网的核心是采用栅格图像处理的方式以点聚集态生成网点，故也称之为点聚集态加网，并通过调节网点的形状、大小、角度、网线频率（网目的线数），达到再现图像的目的。

7.2.2 调频加网

调频加网是通过网点分布密度来表现阶调层次，没有网目线数、加网角度的概念。1982年德国的 Scheuter 和 Fisher 首次提出了调频加网的理论，但由于当时计算机水平的限制，无法满足调频加网的要求。进入 20 世纪 90 年代，随着计算机技术的发展，调频加网技术得到了实际运用。

调频加网是将大小相同的网点进行随机分布，通过单位面积内网点疏密变化来表现图像的深浅层次。调频加网网点精细，图像层次丰富，视觉效果好，从根本上消除了玫瑰斑和龟纹。调频加网具有比调幅加网更高的空间分辨率，特别是亮调和暗调部位细微层次得到了很好的再现，不会产生莫尔条纹，既可用于精细印刷品，也可用于低精度的报业印刷，受到印刷界人士的广泛关注，具有很大的发展前景。

调频加网采用较小而离散的网点，印刷中网点增大十分严重，导致中间调、暗调颜色变深、层次损失。同时图像的亮调处网点大多孤立出现，容易在制版和印刷传递过程中丢失，而且调频加网的随机噪声难以过滤，缺乏稳定的打印特性，计算过程复杂，约束了调频加网的发展。

调幅加网技术和调频加网技术的比较见表 7-2。

表7-2　调幅加网技术和调频加网技术的比较

	调幅加网技术	调频加网技术
英文名称	Amplitude Modulation（AM）	Frequency Modulation（FM）
基本原理	网点的密度（即单位面积内的数量）一定，调节网点的大小	网点的大小一定，调节网点的密度（或称相对位置）
优点	算法简单，计算复杂度低； 网点形状稳定，可以有效克服打印过程中的网点增大	不存在龟纹； 不容易产生网点丢失、阶调跳跃； 比调幅加网的空间分辨率高、视觉效果好
缺点	容易产生龟纹； 容易出现线条的锯齿化和断裂，及渐变区域的阶调跳跃现象； 有可能出现网点丢失	随机噪声难以过滤； 网点增大现象要求更高的印刷条件，计算复杂度较高

7.2.3　混合加网

在低分辨率的加网中，调幅加网因其简单的计算量往往成为加网第一选择。调幅加网和调频加网算法各自存在优势和不足。随着科技的发展，混合加网（Hybrid Screening）应运而生并逐步成为首选。混合加网是指在同一加网图像中既包含调频加网方式也包含调幅加网方式，取各自之长又补各自之短，如图7-5所示。

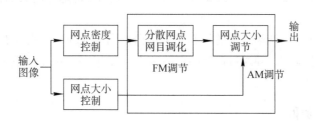

图7-5　调幅/调频加网技术的处理流程

混合加网有效地吸取了调幅加网和调频加网的优势，同时又回避了二者的不足。目前，混合加网技术的具体实现方法主要有以下4种：

①不同阶调采用不同的加网技术。一般在中间调区域直接使用调幅加网，而在高光和暗调区域使用调频加网。

②不同阶调的网点都同时使用调频、调幅两者的特征算法来进行加网的混合加网，即网点大小和疏密程度随着阶调层次变化而改变，这类混合型加网技术也称为"二阶调频加网"。

③对不同分色片采用不同的加网技术。一般对干扰性较弱的浅色黄版可以采用调幅加网，而对其他三色色版则采用调频加网，也可以根据图像色彩的具体特点决定采用调频还是调幅加网。

④面向对象的分区加网技术，即对页面中的某些区域（如易于出现条纹干扰的敏感区域）采用调频加网，而对其他区域则采用调幅加网。

目前，市场上主要采用前两种方法的混合加网技术。第一种方法的关键在于调频加网和调幅加网这两个本质完全不同的加网算法如何实现平滑的过渡。在大多数混合加网的技术上，调频加网和调幅加网交界的地方是肉眼可以辨别的，而复杂的加网算法会使印前的工艺变慢。目前过渡区域加网主要有三类实现方法：Hybrid 加网、SambaFlex 加网以及 Sublima 晶华网点加网。第二种混合加网方法的网点中心距是变化的，更接近于调频加网。目前常用的有 Staccato 加网和 Spekta 加网。

7.3   阈值法转换二值图像

借助直方图，可以简化阈值的选取难度，通过选取出来的阈值，可以将彩色图像或灰度图像转化为二值图像，这样，就通过指定阈值的方法使彩色图像或灰度图像转换到二值图像。

7.3.1   Photoshop 中的直方图

在 Photoshop 中打开一幅图像，观察其灰度直方图，如图 7 - 6 所示。直方图的水平轴表示图像上像素的亮度值（0 ~ 255），从最左端的最暗值（0）到最右端的最亮值（255），垂直轴表示对应值的像素总数。在直方图的左侧部分显示暗调信息，在中间部分显示中间调信息，在右侧部分显示高光信息。低色调图像的细节集中在阴影处，高色调图像的细节集中在高光处，而平均色调图像的细节集中在中间调处。

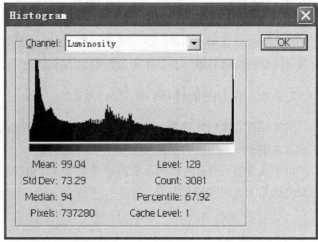

图 7 - 6   Photoshop 中图像直方图

在 Histogram 对话框中，各项信息的具体含义如下：
横坐标代表亮度值，纵坐标代表属于给定亮度值的像素数目。
Channel：选择需要显示信息的通道。可以选择复合通道的亮度值（Luminosity）或单色通道（Red、Green、Blue）。
Mean：代表平均亮度值。
Standard Deviation（简写为 Std Dev）标准偏差：表示像素亮度值的变化范围。
Median：显示亮度值范围的中间值。
Pixels：代表直方图中计算到的像素总数。

Level：显示光标所在位置的亮度值。

Count：显示鼠标所在位置亮度值的像素总数。

Percentile：显示鼠标所在位置的百分比表示。

一般情况下，如果不受环境影响（如夜色、强光或雨雪雾等），一幅正常原稿图像，在直方图上会均匀地显示图像的高光、暗调和中间调信息。评测标准如下：

若灰度直方图没有大起大落的峰巅和峰谷，则整幅图像的阶调分布较均匀。

若灰度直方图出现大面积的峰谷，则图像中对应峰谷的灰度级的阶调较少；若灰度直方图出现大面积的峰巅，则图像以对应峰巅的灰度级的阶调较多。

对于数字图像原稿来说，原稿的层次应该丰富，且密度范围要适中。评测标准如下：

若直方图上"山峰"状的图形显示越集中，表明图像在此色调处包含有大量的像素，即表明图像有足够的细节。

若直方图"山峰"状的图形呈"梳子"状，表明图像在此色调处的像素出现不连续的效果，即表明图像缺少细节。

通过直方图图解各个亮度级别的像素数目展示了图像中所有的像素分布。可以显示图像各区域是否有足够的细节，从而更好地校正图像。可快速浏览图像的色调范围。直方图与像素的位置无关，从直方图中无法了解图像的形状。

对连续调图像而言，直方图描述了图像不同反射光强度出现的概率。直方图不仅提供综合通道（Luminosity）直方图，也分别提供各主色通道直方图。但是，一定要注意的是，直方图与像素的位置无关，从直方图无法了解图像的形状。

直方图的计算相当简单，处理代价很低。由直方图可判断原稿数字化参数的合理性，分析数字图像的阶调分布特点，作为颜色校正的依据。可用作数字图像二值化操作的参考。

7.3.2 直方图的性质

图像以直方图的形式表示时，图像中像素的所有空间信息均丢失。每一幅图像有自己唯一的直方图，但是不同的图像可能有相同的直方图。

由于直方图是对具有相同灰度值的像素统计计数得到的，因此一幅图像各子区的直方图之和应该等于该图像的直方图。

$$\sum_{i=1}^{L} n_i = M \times N \qquad (7-3)$$

式中，n_i 为灰度等于 i 的像素数，L 为图像的灰度分级，M 为图像在水平方向的离散点数，N 为图像在垂直方向的离散点数。

7.3.3 直方图的作用

（1）检查的数字化参数

连续调图像被数字化后，直方图可用来检查该图像的数字化参数。一幅数字图像应该利用全部或几乎全部的灰度分级。

从图 7-7（a）所示的直方图可见，具有这一直方图的图像灰度分布是正常的，0~255间的灰度等级均被有效地利用了。

图 7-7（b）是 0~255 的灰度级没有被充分地利用，这将导致图像层次数目的降低，实

际上是图像的灰度级减少了。

图 7-7（c）是图像的灰度分布超过 0~255 的例子，这将导致该图像在高光和暗调部分的层次降低（丢失），这等于增加了量化间隔。

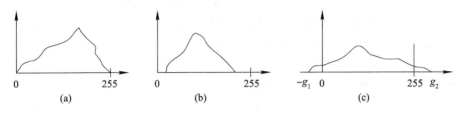

图 7-7　直方图举例说明

（2）阈值的选择

网目调加网按预先规定的网点函数依次确定网目调单元内像素的黑或白。二值转换在固定尺寸的区域内执行，并由有限个网目调单元拼合成整幅图像。阈值化二值图像转换体现分离对象的本质，按指定的阈值确定像素的黑或白，二值转换遍及原图像整体。

在把灰度图像转换为二值图像时，需要一个阈值 T，低于这个阈值的像素将被置为 0（黑），而高于这个阈值的像素将被置为 1（白）。图像二值化的关键是确定阈值 T，称为阈值选择，分为全局阈值化和自适应阈值化两种。

$$G_b(i,j) = \begin{cases} 1, & G(i,j) \geq T \\ 0, & G(i,j) < T \end{cases} \qquad (7-4)$$

式中：$G(i,j)$ 是原图像中 (i,j) 处像素的灰度；

　　　　$G_b(i,j)$ 是二值化后该点的像素值；

　　　　T 为用于二值化处理的阈值。

7.3.4　全局阈值化

（1）P 参数法

设图像的面积为 S_0，从图像中划分出来的对象的面积约为 S（对象面积为区域的总像素数），则：

$$P = S/S_0 \qquad (7-5)$$

此方法适用于图纸中的图形和文字等从图像中分离。

特别的，从直方图上，可以大体定出左、右面积相等的界线，这个界线所在的灰度值可作为图像变换时的阈值。

（2）状态法

当对象和对象背景灰度值差别很大时，图像的直方图会出现两个波峰。双峰直方图图像二值化时应选择与谷底对应的灰度值作为阈值，可得到合理的对象边界。如图7-8所示。

（3）微分直方图法

当图像中对象和背景的边界处于灰度急剧变化的部分（边缘）时，则需要利用灰度的变化率（微分值）来决定阈值。过程如下：

①计算像素的灰度值：

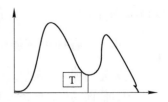

图 7-8　双峰直方图图像

$$D(i, j) = \max[G(i, j) - G(l, m)]$$

$$D(i, j) = \sum_{l=i-1}^{i+1} \sum_{m=j-1}^{j+1} [|G(i, j) - G(l, m)|] \qquad (7-6)$$

$$i - 1 \leqslant l \leqslant i + 1, l \neq i, j - 1 \leqslant m \leqslant j + 1, m \neq j$$

②对图像中其他具有同样灰度的像素执行类似计算。

③求图像中灰度值为 G 的所有像素微分值的和。

④得到微分直方图。

⑤选择微分值最高的点对应的灰度值作为阈值。

（4）判别分析法

在灰度直方图中将灰度值的集合用事先设定的阈值分为两组，根据两组灰度平均值的方差的比，求出最佳分离值 T，则 T 便是所求的阈值。具体描叙如下：

设有一灰度为 L 级的图像，T 为其二值化阈值，将图像分成灰度值 $G_1(i, j) \geqslant T$ 和灰度值 $G_2(I, j) < T$ 两部分；组 1 灰度像素数为 n_1，平均灰度值为 m_1，方差为 σ_1；组 2 灰度像素数为 n_2，平均灰度值为 m_2，方差为 σ_2；图像总体平均灰度值为 m；则

组内方差：$\sigma_I^2 = n_1 \times \sigma_1^2 + n_2 \times \sigma_2^2$ $\qquad (7-7)$

组间方差：$\sigma_B^2 = n_1(m - m_1)^2 + n_2(m - m_2)^2$ $\qquad (7-8)$

最佳分离值 T 为：$T = \max[\sigma_B^2(t) / \sigma_I^2(t)]$ $\qquad (t = 1, 2, \cdots, L)$ $\qquad (7-9)$

利用此方法的优点是，直方图没有两个峰值也可以求出阈值，但结果不一定可靠。

（5）双固定阈值法

设定两个固定的阈值 T_1 和 T_2，$(T_1 < T_2)$ 则：

$$g(i, j) = \begin{cases} 0, & g(i, j) < T_1 \\ 1, & T_1 \leqslant g(i, j) < T_2 \\ 0, & g(i, j) \geqslant T_2 \end{cases} \qquad (7-10)$$

（6）自适应阈值法

自适应阈值法是用不同的阈值来实现图像的二值化的方法。针对不同的灰度分布，把灰度阈值取为随位置而变化的函数。

7.4 调幅加网的方法

调幅加网是在加网网点数目不变的情况下，以改变网点的大小来表达图像层次的深浅。调幅加网有 3 种基本方式：有理正切加网、无理正切加网以及超细胞结构加网。

7.4.1 有理正切加网

有理正切加网是调幅加网的一种基础方法，如图 7-9 所示。

通过前面的研究已经知道，在四色印刷中把加网角度设定在 0°、15°、45° 和 75° 可使各色版间因相互作用而出现的龟纹为最小。其中，0°（或 90°）的正切值为 0，在数字加网中很容易实现；45° 的正切值为 1，可以表示为两个任意相同的整数比，也很容易实现。但是，

若要将网点的方向放到15°或75°角时，数字加网中就会出现严重的障碍，原因在于15°、75°角的正切（$\tan15° = 2 - \sqrt{3}$、$\tan75° = \sqrt{3} - 2$）是一个无理数，它不能表示为两个整数之比。

当 $\tan\alpha° - \dfrac{1}{3}$ 时（如图 7—9 所示，$\tan\angle CAB = \dfrac{3}{9} - \dfrac{1}{3}$），$\alpha° \approx 18.4°$，这种方法采用 18.4°和 71.6°（即 $\pm18.4°$）的加网角度近似代替 15°和75°，这样很容易实现每个网目调单元的角点都准确地与输出设备记录栅格的角点重合，且每个网目调单元的大小和形状相同，加网角度正切值为有理数。

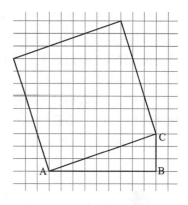

图 7-9　有理正切加网示意图

有理正切加网容易实现，但使用 $\pm18.4°$代替 15°和75°，产生 3.4°的绝对误差；除了 0°色版外，其他色版实际加网线数与设定加网线数有偏差，容易出现玫瑰斑。

7.4.2　无理正切加网

无理正切加网是一种更加接近于传统加网角度的方法，如图 7-10 所示，对 $\angle CAB$ 求正切，所得的正切值不是一个有理数。无理正切加网使用逐个修正法或强制对齐法解决网目调单元角点与输出设备记录栅格角点不重合的问题。逐个修正法可获得高质量的输出，但对光栅图像处理器以及加网计算机的运算速度要求极高，同时需要非常大的存储空间。强制对齐法强制网目调单元角点与记录设备的像素角点重合，使之形成有理正切加网。但实际得到的加网角度和加网线数将与给定的值有所偏离。

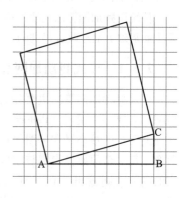

图 7-10　无理正切加网示意图

7.4.3　超细胞加网

针对有理正切加网和无理正切加网的不足，1990 年出现超细胞结构加网技术，设置由数个网点单元组成的超大细胞单元，将这样的超细胞单元的角点放置在光栅输出设备的像素角点上，从而获得近似 15°角的加网角度，这种技术解决了精确逼近 15°加网角度和记录分辨力之间的矛盾。超细胞结构如图 7-11 所示。

超细胞是一个由多个网目调单元组成的阵列。采用超细胞结构加网技术，一方面加网角度非常接近传统加网角度，另一方面各色版的加网线数也很接近。值得注意的是，网目调单元的尺寸越大，可获得的精度越高，可供选择的加网角度也越多，但最高加网线数也就越低。

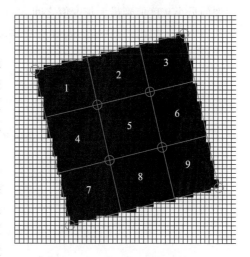

图 7-11　超细胞结构示意图

超细胞结构能很好地减少印刷品中的龟纹，但玫瑰斑问题仍然存在。玫瑰斑对人眼造成

了干扰，并降低了图像细节的分辨力和表现能力。超细胞加网需要的运算时间比采用一个网目调单元进行加网需要的计算时间要多得多。超细胞单元越大，可获得的精度越高，但计算量更大，降低了加网效率。解决数字加网中的效率问题，一方面要依靠加网新算法的应用，另一方面还要依靠计算机、照排机、RIP 等硬件性能的提高。

与有理正切加网技术相比，采用超细胞结构能产生更接近于传统网点技术的加网角度和加网线数。目前，多数从事出版系统和图像处理的公司在图像输出中都利用了超细胞网点结构，在 Photoshop 也有采用超细胞结构加网的选项。

7.5　调频加网的方法

调频加网是通过网点分布密度来表现阶调层次，没有网目线数、加网角度的概念。分为传统调频加网技术和点扩散加网技术。

传统调频加网算法主要包括模式抖动法和误差扩散法。点扩散加网方法是在传统调频加网算法的基础上通过改进得到的，最早由 Knuth 提出。该方法具有阈值抖动和误差扩散的优点。

7.5.1　模式抖动加网算法

模式抖动加网算法主要分为有序抖动和无序（随机）抖动两大类。在这两种方式下抖动加网都需要一个模板（Pattern），该模板一般为方阵，方阵的值被称为阈值（Threshold）。抖动加网技术的核心是在试图保持图像前后的像素的平均值不变的情况下，用模板去铺满原始图像，每一个原始像素都与模板上的一个阈值相对应。比较两个值的大小，若原始值大于对应的阈值，则输出"1"，即打印一个白点（不打墨点）。否则，输出"0"，即打印一个墨点。

在随机抖动（Random Dither）算法中，模板上的值是一组随机数，随机数的范围在原始图像的最小灰度值到最大灰度值之间。而有序抖动（Order Dither）的模板则是有规律的。它最初由 Judice 提出，其中以 Bayer 有序抖动阵为代表，抖动矩阵的生成按照式 7 – 11 的迭代方式进行：

$$D_n = \begin{bmatrix} 4D_{\frac{n}{2}} & 4D_{\frac{n}{2}} + 2U_{\frac{n}{2}} \\ 4D_{\frac{n}{2}} + 3U_{\frac{n}{2}} & 4D_{\frac{n}{2}} + U_{\frac{n}{2}} \end{bmatrix} \tag{7 – 11}$$

其中：$n = 2^2$、2^3、$2^4 \cdots\cdots 2^r$；U_n 为 $n \times n$ 的单位矩阵。令 $D_1 = 0$，$U_2 = \begin{bmatrix} 1 & 1 \\ 1 & 1 \end{bmatrix}$，则得到：

$D_2 = \begin{bmatrix} 0 & 2 \\ 3 & 1 \end{bmatrix}$，同理

$$D_4 = \begin{bmatrix} 0 & 8 & 2 & 10 \\ 12 & 4 & 14 & 6 \\ 3 & 11 & 1 & 9 \\ 15 & 7 & 13 & 5 \end{bmatrix}$$

$$n_8 = \begin{bmatrix} 0 & 32 & 8 & 40 & 2 & 34 & 10 & 42 \\ 48 & 16 & 56 & 24 & 50 & 18 & 58 & 26 \\ 12 & 44 & 4 & 36 & 14 & 46 & 6 & 38 \\ 60 & 28 & 52 & 20 & 62 & 30 & 54 & 22 \\ 3 & 35 & 11 & 43 & 1 & 33 & 9 & 41 \\ 51 & 19 & 59 & 27 & 49 & 17 & 57 & 25 \\ 15 & 47 & 7 & 39 & 13 & 45 & 5 & 37 \\ 63 & 31 & 55 & 23 & 61 & 29 & 53 & 21 \end{bmatrix}$$

在使用 bayer 抖动时，一般用 8×8 矩阵为宜。如果抖动矩阵太小，会给抖动结果留下明显的人工痕迹。若抖动矩阵太大，对进一步提高二值化图像的质量没有明显效果，但所需要的处理时间会大大增加。综合以上两点，Bayer 抖动在处理质量和运算时间两方面进行考虑，8×8 矩阵最为适宜。

抖动加网算法处理过程如图 7 - 12 所示。将待处理的图像信号 $I_{x,y}$ 和抖动信号一起输入到比较回路中，此时输入一定的阈值信号。对输入信号和阈值信号（即每一像素值与阈值矩阵相应位置上的元素值）按照抖动信号进行比较，若原始值大于对应的阈值，则输出"1"，不打墨；反之，输出"0"，打墨。

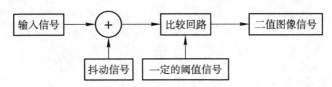

图 7 - 12　抖动加网处理流程示意图

处理结果为：

$$I_{x,y} = \begin{cases} 0 & black（黑） & I_{x,y} \leq \mathrm{model}_{row,column} \\ 1 & white（白） & I_{x,y} > \mathrm{model}_{row,column} \end{cases} \qquad (7-12)$$

7.5.1.1　有序抖动算法的 Matlab 实现

```
% 二阶模板
Model2 = [0 2
          3 1];
% 四阶模板
Model4 = [0 8 2 10
          12 4 14 6
          3 11 1 9
          15 7 13 5];
% 八阶模板
Model8 = [0 32 8 40 2 34 10 42
          48 16 56 24 50 8 58 26
          12 44 4 36 14 46 6 38
```

```
      60 28 52 20 62 30 54 22
      3 35 11 43 1 33 9 41
      51 19 59 27 49 17 57 25
      15 47 7 39 13 45 5 37
      63 31 55 23 61 29 53 21];
% 原图与模板相比较，输出二值图像
if I(i, j) > model (row, columun)
      bw(i, j) = 255;
      else
      bw(i, j)  = 0;
```

7.5.1.2　抖动加网算法的处理结果

二阶抖动、四阶抖动、八阶抖动处理后图像的结果如图 7 – 13 所示。

(a) Lenna原图　　　　　　　　　(b) 二阶抖动

(c) 四阶抖动　　　　　　　　　(d) 八阶抖动

图 7 – 13　Lenna 原图与经过二阶、四阶、八阶抖动处理后的 Lenna 图

7.5.1.3　评价结果分析

抖动加网是最为简单的一种加网方法之一，不涉及复杂的算数运算，只是移位和位比较，所以运行速度较快。相对而言，bayer 抖动更加适合高分辨率输出。

但是 bayer 抖动将一个固定的模式强加于整个图像，从而使抖动后的二值图像带有该模式的痕迹。整个阶调范围内层次信息丢失较多。高阶和低频部分由于固定模板原因，有明显的阶调跃变。有序抖动生成的网目调图像有周期性模块出现。这些都是我们不希望出现的。

根据抖动算法使用的抖动矩阵，仍然可以设计出一个这样的连续调图像：它的每一个像素值都小于并接近抖动矩阵对应位置的元素计算出来的阈值。如果使用该抖动矩阵对上述图像做网目调化，该图像会被有序抖动算法网目调化成全 0 的网目调图像。

产生以上现象的根本原因是抖动加网使用的固定模板太死板，处理阶调丰富的图像时必然会损失大量的细节，产生大量的人工痕迹。抖动时将图像分割为大小为 $N \times N$ 的块，每块的像素都和阈值矩阵中相应的元素做大小比较。基于以上原因，在实际调频加网中一般不采用有序抖动算法，而是采用误差扩散法。

7.5.2　误差扩散算法

误差扩散算法是对图像逐像素进行阈值化，并将产生的误差按一定规则扩散到周围像素，有误差扩散到的像素则将像素值与误差之和与阈值比较。例如，对于 L 灰度等级，一般考虑 $L/2$（取整）为阈值。假设有一像素为 $L/3$，按照设定的阈值，则结果为"0"（黑），但这样做造成了灰度值为 $L/3$ 的误差。如果这个误差扩散到周围的像素，它的影响对最后的抖动结果就不像它表现在一个像素上那样明显。运用一定的法则，对这种误差进行适当处理，会产生一系列新的黑白交替的像素，在视觉上与原来的灰度将会很接近。这就是误差扩散法的基本思想。

最具影响力的误差扩散算法是 1975 年 Floyd 与 Steinberg 提出的 Floyd – Stein 误差扩散算法。该方法自从产生一直被广泛应用，且误差扩散的思想一直影想着后来的各种网目调算法。它实际上由表 7 – 3 误差分配表（误差过滤器）决定。

表 7 – 3　Floyd – Stein 误差分配表

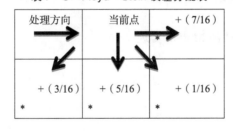

在表 7 – 3 所示的 Floyd – Stein 误差过滤器中，数字的总和为 16。在抖动时，若 X 处的像素与阈值之间有误差，则该误差的 7/16 分配给此像素的右边，误差的 3/16 分配给 X 的左下方的像素，误差的 5/16 分配给 X 正下方的像素，误差的 1/16 分配给 X 右下方的像素。

误差扩散法处理过程如图 7 – 14 所示。给定阈值 $T_{x,y}$，原图像的像素灰度值作为输入信号 $I_{x,y}$，当 $I_{x,y}$ 处的像素与阈值之间有误差时，按照误差滤过器的分配法则分配此误差，全部处理结束后再与阈值相比，判断最终输出结果为"1"或"0"。

阈值 $T_{x,y}$ 的选取通常取中间值 0.5。曾有人对其他阈值做过尝试，但结果没有明显的优点，所以大多数算法仍然简单地用 0.5 作为阈值。

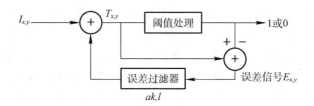

图 7 –14　误差扩散法流程示意图

整幅图像从左到右、从上到下依次执行三步操作：

①阈值化输出结果 $I_{i,j}$。

$$I'_{i,j} = \begin{cases} 1 & I_{i,j} \geqslant T_{x,y} \\ 0 & I_{i,j} < T_{x,y} \end{cases} \qquad (7-13)$$

②量化误差指输入与输出之间的差。

$$E_{x,y} = I_{i,j} - I'_{i,j} \qquad (7-14)$$

③把量化误差根据误差滤过器扩散到临近未被处理的点。

$$I_{i,j+1} = I_{i,j+1} + \frac{7}{16} \times E_{x,y};$$

$$I_{i+1,j+1} = I_{i+1,j+1} + \frac{1}{16} \times E_{x,y};$$

$$I_{i+1,j} = I_{i+1,j} + \frac{5}{16} \times E_{x,y};$$

$$I_{i+1,j-1} = I_{i+1,j-1} + \frac{3}{16} \times E_{x,y};$$

现举例说明阈值比较和扩散的过程：假设当前输入像素灰度为 0.8，阈值为 0.5，则该点输出 1。量化误差为 – 0.2。根据 Floyd – Stein 误差滤过器的参数为 7/16，3/16，5/16，1/16，即将量化误差 – 0.2 分别乘以 7/16、3/16、5/16 和 1/16 叠加到右边、左下、正下、右下四个相邻像素上。

7.5.2.1　误差扩散算法的 Matlab 实现

```
% 判断有无误差
if I(i, j) ≤ T
error = I(i, j) – 0;
I(i, j) = 0;
else
error = I(i, j) – 255;
I(i, j) = 255;
% 根据 Floyd – Steinb 误差滤波器分配误差
I(i, j + 1) = I(i, j + 1) + 7 × error/16;
I(i + 1, j + 1) = I(i + 1, j + 1) + 1 × error/16;
I(i + 1, j) = I(i + 1, j) + 5 × error/16;
I(i + 1, j – 1) = I(i + 1, j – 1) + 3 × error/16;
```

7.5.2.2　误差扩散算法的处理结果

误差扩散算法处理后的图像结果如图 7 – 15 所示。

(a) Lenna原图　　　　　　(b) 误差扩散算法处理后的Lenna图

图 7 – 15　Lenna 原图与误差扩散算法处理后的 Lenna 图

7.5.2.3　评价结果分析

误差扩散算法的输出质量是比较好的，远优于抖动算法的输出效果，有细腻层次表现，适用于低分辨率输出。这是由其邻域计算过程决定的。采用螺旋式扫描。有噪声，但没有明显的人工因素相比抖动算法，误差扩散的噪声低很多，而且处理后的图像具有更高的细节分辨力。

但是该算法同样存在很多不足：第一，因误差扩散滤波器具有非对称性，而在图像网目调过程中误差扩散系数表不断地进行周期性重复，导致产生与误差扩散滤波器的误差扩散方向及误差扩散滤波器的扫描方向相关的较明显的滞后纹理与鬼影现象。第二，在某些灰度处会产生类似轮廓的纹理，即伪轮廓。而实验发现，对扩散系数或量化阈值进行调制，能减轻这一现象。

综上，改进误差扩散算法的主要途径为：①设计对称性更好的滤波器；②在图形网目调过程中对误差扩散滤波器中的系数和阈值化使用的阈值进行合理的调制。

7.5.3　点扩散算法

1987 年 D. E. Knuth 提出的点分散算法是一种结合有序抖动思想和误差扩散思想的算法，它利用了有序抖动的等级处理方法，同时将误差也进行了扩散。该方法具有有序抖动和误差扩散两方面的优点。

在进行点扩散处理时，将图像像素的处理顺序划分成许许多多的等级，按照等级的大小逐个处理图像中的每一个像素。处理的过程中，涉及一个参数——等级矩阵 C，如图 7 – 16 所示。等级矩阵 C 大小是 $n \times n$，其元素的值从 1 到 n^2，矩阵中元素的排列顺序是由 Knuth 提出的。该等级矩阵主要决定处理图像像素的顺序。

35	49	41	33	30	16	24	32
43	59	57	54	22	6	8	11
51	63	62	46	14	2	3	19
39	45	55	38	26	18	1	27
29	15	23	31	36	50	42	34
21	5	7	12	44	60	58	53
13	1	4	20	52	64	61	45
25	17	9	28	40	48	56	37

图 7 – 16　点扩散 8 × 8 等级矩阵

点扩散算法的第一个步骤是将像素进行归类。设灰度图像的像素坐标为 (m, n)，按照 $(m \bmod M, n \bmod N)$ 的准则，将整幅图像的所有像素归入 $N \times N$ 个类中，其中 N 为常数。当 $N = 8$ 时，表示一个分类矩阵中共有 64 个元素，各位置的值表示了像素处理的顺序。分类完成后，每个类都是一个和分类矩阵大小相同的像素矩阵。此时 (m, n) 是连续的灰度，然后将每个像素的灰度值规范化到 $(0, 1)$ 范围内。

点扩散算法的思想（扩散原理如图7-17所示）是先处理等级等于1的图像中所有像素，将它们与阈值进行比较，确定网目调图像相应像素的值，然后将量化误差扩散到等级大的相邻像素上。由于人的视觉系统对水平、垂直方向的误差较为敏感，所以在误差分配上水平、垂直比重大于对角元素，是对角线上像素的2倍。设要扩散误差的权值为weight，扩散的过程中，误差仅仅扩散到与当前处理像素相邻的并且等级大于当前处理像素等级的像素上。所以，权值的计算仅仅计算要扩散像素的权值。

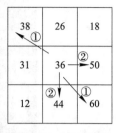

图7-17 点扩散原理图示

点扩散处理具体步骤如图7-18所示，分为以下5个步骤。

①首先将每个像素的灰度值规范化到（0，1）范围内，然后对原图像进行图像增强，目的是为了更好地再现原图像的边缘特征信息。增强后该像素的灰度值为$f(m, n)$。

②等级矩阵平铺到增强后的图像，量化处理图像像素等级$K=1$的所有像素，量化处理的方法是：

$$f'(m, n) = \begin{cases} 1 & f(m, n) \geq T(x, y) \\ 0 & f(m, n) < T(x, y) \end{cases} \quad (7-15)$$

③计算量化误差以及要扩散误差像素的权值，设量化误差为$error$，则

$$error = f(m, n) - f'(m, n) \quad (7-16)$$

④计算与当前像素相邻的并且等级大于该像素等级的像素的灰度值。水平、垂直方向上分配的误差是对角线上像素误差2倍。计算方法为：

对角线上的像素的灰度值$= f'(m, n) + 1 \times (error/weight)$

$$\quad (7-17)$$

水平、垂直方向上的像素的灰度值$=$

$$f'(m, n) + 2 \times (error/weight) \quad (7-18)$$

图7-17中，当前像素的等级为36，与该像素相邻的并且等级大于当前像素等级的像素的等级分别是：38、50、60、44，则其相应的权值为$weight = 1 + 2 + 1 + 2 = 6$。

⑤重复上述②、③、④步骤，分别处理，直至等级$K > 64$时处理结束。

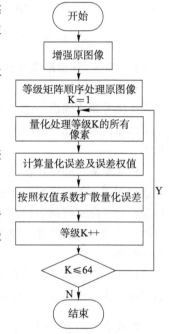

图7-18 点扩散处理过程示意图

7.5.3.1 点扩散算法的 Matlab 实现

```
% 对图像边缘进行增强
F = [1/9, 1/9, 1/9; 1/9, 1/9, 1/9; 1/9, 1/9, 1/9];% 9 邻域均值
A = filter2(F, A);% 均值滤波
I = (I - 0.8 * A)/0.2;% 图像增强函数
% 等级矩阵
K = [35, 49, 41, 33, 30, 16, 24, 32
     43, 59, 57, 54, 22, 6, 8, 11
     51, 63, 62, 46, 14, 2, 3, 19
```

39，45，55，38，26，18，1，27

29，15，23，31，36，50，42，34

21，5，7，12，44，60，58，53

13，1，4，20，52，64，61，45

25，17，9，28，40，48，56，37];

% 求出误差

if I(m, n) < 0.5

wc = I(m, n) - 0;　　　　　　% 用阈值判断

I(m, n) = 20;　　　　　　% 为了判断方便，先把判断为 0 的像素设为 20

else

wc = I(m, n) - 1;　　　　　　% 求出误差

I(m, n) = 21;　　　　　　% 为了判断方便，先把判断为 1 的像素设为 21

% 求出误差权重

weight = 0;

for u = m - 1 : m + 1

for v = n - 1 : n + 1　　　　　　% (m, n)的左右上下的各点循环

if u = = m&&v = = n

else if I(u, v) ≅ 20&&I(u, v) ≅ 21

$weight = weight + 1/((u-m)^2 + (v-n)^2);$　　　% 求出误差权重

% 对误差进行处理

for u = m - 1 : m + 1

for v = n - 1 : n + 1　　　　　　　　% (m, n)的左右上下的各点循环

if u = = m&&v = = n

else if I(u, v) ≅ 20&&I(u, v) ≅ 21

$I(u, v) = I(u, v) + wc * (1/((u-m)^2 + (v-n)^2))/weight;$

7.5.3.2　点扩散算法的处理结果

点扩散算法处理后图像的结果如图 7 - 19 所示。

　　　(a) Lenna原图　　　　　　　　(b) 点扩散算法处理后的Lenna图

图 7 - 19　Lenna 原图与点扩散算法处理后的 Lenna 图

7.5.3.3 评价结果分析

基于点扩散数字加网方法的优点是：

①处理后得到的网目调图像具有有序抖动和误差扩散的优点，不具有与图像像素扫描顺序相关的滞后现象。

②对称性好，视觉感觉良好。

但是，不足之处在于：

①在处理过程中，丢失了图像的大部分细节信息。

②处理后得到的图像边缘不平滑。

③具有与等级矩阵相关的规律性的纹理等。

点扩散中的误差扩散方法与分配系数和传统误差扩散有所不同。这种方法得到的图像效果最好，在进行主观评价时，最接近原稿。

综合比较分析总结三种算法，输出效果的比较充分肯定了邻域处理机制的优越性，因此新算法的研究应重点放在误差扩散算法和点扩散算法的改进上。使用固定等级矩阵来确定像素的处理顺序，产生了与等级矩阵有关的规律性纹理，误差扩散算法也产生了与误差扩散方向及扫描顺序相关的滞后纹理。因此，研究更好的像素处理顺序产生机制和初等矩阵是改进误差扩散算法和点扩散算法的重要途径。

第8章 数字水印技术

8.1 数字水印技术概念

　　数字水印技术是一种保护数字作品版权的技术。数字水印利用人类的听觉、视觉系统的特点，在声音、图像和视频中加入一定的信息，使人们很难分辨加水印后的数字作品与原始数字作品的区别，而通过专门的检测方法又能提取所加信息，以此证明原创作者对数字媒体的版权。数字水印技术是一种特殊的信息隐藏技术，用于证明数字作品的真实可靠性、跟踪盗版行为或者提供产品的附加信息。其中的秘密信息可以是版权标志、用户序列号或者产品相关信息。一般，它需要经过适当变换再嵌入到数字产品中，通常变换后的秘密信息为数字水印，在诸多文献中涉及了各种形式的水印信号。通常，可以定义数字水印为如下的信号：

$$W = \{w_i \mid w_i \in O, \ i = 0, \ 1, \ 2, \ \cdots M-1\} \tag{8-1}$$

　　式（8-1）中，M 为水印序列的长度，O 代表值域。实际上，数字水印不仅可以为一维序列，也可以是二维阵列，甚至可以是三维或更高维信号，这通常要根据实际需要保护的载体对象的维数来确定，如音频对应一维、静止图像对应二维、视频图像对应三维等，本章主要关心的是二维数字图像水印。水印信号的值域可以是二值形式，如 $O = \{0, 1\}$，$O = \{-1, 1\}$ 或 $O = \{-p, +p\}$（其中 p 为某一正数），或者是高斯白噪声，如均值为 0，方差为 1 的高斯白噪声 $N(0, 1)$ 等其他形式。从数字水印的安全性出发，式（8-1）中的数字水印序列信号，一般都是经过密码进行加密生成的，且具有随机信号特征。

　　从数字水印的概念可以知道，数字水印与密码技术是密不可分的，但它们之间又有明显的不同。密码技术是信息安全技术领域的主要传统技术之一，是基于香农信息论及其密码学理论的技术，一般在发送方采用将明文加密生成密文后，再在通信信道上进行传输，接受方接受到密文后，在正确的解密密钥和相关解密算法的帮助下，将密文翻译成明文。根据加密和解密密钥是否采用同一密码，将加解密算法分为对称密码算法（典型的算法有 DES、IDEA、AES 等算法）和公钥密码算法（典型的算法有 RSA）和混合密码系统（如 PGP 软件算法）。但是，加密的密文容易引起好事者的兴趣，激发他们破解密码的热情。另外，加密方法用于现代多媒体内容的保护有一定的局限性，主要是因为多媒体信息的数据量大、加密处理时间长，特别是安全性要求高的场合加密时间会更长；加密技术对于多媒体内容的完整性认证也存在有一定的局限性，密码学中的完整性的认证是通过数字签名来实现的，并没有直接嵌入到多媒体信息中。所以，研究人员尝试用各种信号处理技术对多媒体信息进行隐藏加密，并将该技术用于制作多媒体的数字水印，将数字水印作为加密技术的补充，并作为数字作品的版权保护和完整性认证的主要技术手段。

数字水印技术是一种特殊的信息隐藏技术，但与信息隐藏技术又有明显的不同。信息隐藏技术强调的是信息的隐秘通信，强调在通信中信息不被发现，并有一定的信息量，而水印主要是用于证明载体的版权，隐藏于载体图像中，在信息量上是没有太大的要求，水印信息并不要求保密，甚至可以公开，所以水印应有一定的安全性和鲁棒性（如可抗图像处理的常用操作）要求。

数字水印技术有其特定的研究对象，研究目的和应用方向，采用相关的数字图像处理、信息编码与通信、计算机模式识别等技术，具有多学科交叉特点。数字水印技术凭借自身的诸多优点引起了众多应用领域的关注，现代密码学的研究和发展为数字水印技术的应用提供了良好的基础。利用现代密码学提供的各种保密性、认证性、完整性和不可抵赖性机制，可以设计安全的数字水印，服务于不同的应用领域。目前，数字水印主要应用在：数字作品的版权保护、证件及有价证券的防伪、图像内容认证、篡改提示、嵌入标题与注释、非法传播的跟踪等。

数字水印的分类方法有很多种，从不同的视角出发得到不同的分类方法，它们之间既有联系又有区别，有的分类方法还直接反映了水印嵌入算法的不同。最常见的分类方法有：

（1）按人的视觉特性划分

可划分为可见数字水印和不可见数字水印。版权标志并不总是需要隐藏起来，例如有些系统使用可见的数字水印，但绝大多数系统更关注更广泛使用的不可见（或透明）水印。不可见的水印，不会对图像产生视觉上的影响，更具有商业价值。

（2）按数字水印的稳健性划分

可分为易损性水印（或称脆弱水印）和鲁棒性水印。易损水印很容易被破坏，主要应用于完整性验证等应用中，它随着对象的修改而被破坏，哪怕细小的影响也会影响数字水印的提取和检测。但对鲁棒性数字水印而言，一旦要求其嵌入载体之后，不会因为载体经过一些常见处理，如滤波、平滑、增强、有损压缩变换等，或是经过恶意攻击，如 IBM 攻击、合谋攻击等操作而丢失，其应用范围更加广泛，是水印研究的重点。

（3）按嵌入的空间划分

可分为时空域水印和频域水印，直接在时空域中对采样点的幅度值进行改变，嵌入水印信息的称为时空域水印；对变换域中的系数做出改变嵌入水印信息的，如傅里叶系数、DCT 系数和小波系数等，称为频域水印，更广义上应称为变换域水印。

（4）按提取水印时需要原始图像与否划分

可分为明水印和盲水印。在提取或检测水印的过程中，如果需要原始数据来提取水印信号，称为明（非盲）水印算法；如果不需要原始数据参与，可直接根据水印数据来提取水印的信号，称为盲水印算法。一般来说，明水印比盲水印更安全，但盲水印更符合所有权验证的需要，是水印算法的发展方向。

（5）按水印是否依赖于原始载体信息划分

可分为非自适应水印（独立于原始载体信息的水印）和自适应水印。独立于原始载体信息的水印可以是随机产生的、用算法生成的，也可以是事先给定的；而自适应水印是考虑原始载体信息的特性而生成的水印。

（6）根据水印所嵌入的载体数据不同划分

可分为图像水印、音频水印、视频水印、文本水印以及用于三维模型的三维水印技术等。随着数字多媒体技术的不断发展，今后会有更多种类的数字媒体出现，同时也会产生更多相应载体的水印技术。

（7）按水印的用途划分

可分为票据防伪水印、版权保护水印、篡改提示水印和隐藏标识水印等。票据防伪水印是一类比较特殊的水印，主要用于打印票据和电子票据的防伪。一般情况下，伪币的制造者不可能对票据图像进行过多的修改，所以不用考虑诸如尺度变换等信号处理操作，但我们必须考虑票据破损、图案模糊等情形。另外考虑到快速检测的要求，用于票据防伪的数字水印算法不能太复杂。版权保护是目前研究最多的一类数字水印。数字作品是商品的同时又是知识作品，这种双重性决定了版权保护水印主要强调隐蔽性和稳健性，而对水印数据量的要求相对较小。篡改提示水印是一种脆弱水印，其目的是标识载体信号的完整性和真实性。隐藏标识水印的目的是将保密数据的重要标注隐藏起来，限制非法用户对保密数据的使用。

（8）私有水印和公开水印

私有水印是只能被特定密钥持有人读取或检测的水印，公开水印是可以被公众提取或检测的水印。私有水印的安全性和鲁棒性优于公开水印，但公开水印更适合声明版权信息和预防侵权。

（9）有意义水印和无意义水印

有意义水印是指水印本身也是某个数字图像（如商标图像）或数字音频片断的编码；无意义水印则只对应于一个序列号或一段随机数序列。有意义水印的优势在于，如果由于受到攻击或其他原因致使解码后的水印破损，人们仍然可以通过观察确认是否有水印。但对于无意义水印来说，如果解码后的水印序列有若干码元错误，则只能通过统计决策来确定信号是否含有水印。

8.2 数字水印的基本框架模型

从图像处理的角度看，嵌入载体信号的水印可以视为是在强背景（原始图像）下叠加一个弱信号（水印）。由于人的视觉系统（Human Visual System – HVS）分辨率受到一定限制，只要叠加信号的幅度低于 HVS 的对比度门限，HVS 就无法感觉到信号的存在。对比度门限受视觉系统的空间、时间和频率特性的影响。因此，通过对原始图像做一定的调整，有可能在不改变视觉效果的情况下在原始图像中嵌入一些信息。

从数字通信的角度看，水印嵌入可理解为是在一个宽带信道（原始图像）上用扩频通信技术传输一个窄带信号（水印）。尽管水印信号具有一定的能量，但分布到信道中任意频率上的能量是难以检测到的，水印的译码（检测）则可认为是一个有噪信道中弱信号的检测问题。

一般数字水印的处理系统的基本框架模型可以定义为九元体（M，X，W，K，G，Em，At，D，Ex）表示，其中：

· M 代表所有可能原始水印信息 m 的集合。

· X 代表所有要保护的数字作品，即载体图像 x 的集合。

· W 代表所有可能由原始信息生成的水印信息 w 的集合。

· K 代表水印密钥 k 的集合。

· G 表示生成水印的算法，一般水印生成必须由原始水印信息 M、加密密钥 K 的参与，原始数字作品 X 不一定参与水印的生成过程。如果 X 参与生成过程，则可以称该生成方法为自适应生成方法。其生成过程表示为

$$G: M \times X \times K \rightarrow W, \quad w = G(m, x, k) \tag{8-2}$$

· Em 表示将水印 w 嵌入到数字作品 x 中的嵌入算法，即

$$Em: X \times W \rightarrow Xw, \quad xw = Em(x, w) \tag{8-3}$$

式（8-3）中 x 表示原始作品，xw 表示含水印的作品或含水印的载体图像。为了提高安全，有时在嵌入算法中包含嵌入密钥。

· At 表示对含水印作品 xw 的攻击算法，即

$$At: Xw \times K' \rightarrow Xw', \quad x' = At(xw, k') \tag{8-4}$$

式（8-4）中 k′ 表示攻击者伪造的密钥，x′ 表示被攻击后的含水印的作品。

· D 表示水印检测算法，即

$$D: \quad Xw' \times K \rightarrow \{0, 1\}, \quad D(x', k) = \begin{cases} 1 \cdots \text{如果 } x' \text{ 中存在 } w \ (H_1) \\ 0 \cdots \text{如果 } x' \text{ 中不存在 } w \ (H_0) \end{cases} \tag{8-5}$$

式（8-5）中 H_1 和 H_0 分别代表水印的有无，是一个二值假设。

· Ex 表示水印提取算法，即

$$Ex: Xw' \times K \rightarrow M', \quad m' = Ex(x', k) \tag{8-6}$$

式（8-6）中 m′ 代表恢复的原始水印信息。

从以上介绍的数字水印的处理系统的基本框架模型可知，所有的数字水印算法都涉及水印技术的三个基本方面，即水印的生成、水印的嵌入和水印的提取或检测。

8.2.1　水印的生成

水印生成算法 G，将原始水印信息、原始载体信息和密钥信息进行运算，生成水印信息 w，w 往往需要做进一步的变换处理以适应水印嵌入算法。水印生成算法 G 可以分解为两个部分，即算法 R 和算法 T：

$$G = R \cdot T$$

$$R: M \times K \rightarrow \widetilde{W}, \quad T: \widetilde{W} \times X \times K \rightarrow W \tag{8-7}$$

子算法 R 的输入为原始水印信息 m 和密钥信息 k，输出为依赖于密钥的中间水印 $\widetilde{w} \in \widetilde{W}$，当 R 基于伪随机数发生器时，密钥 k 直接映射为伪随机数发生器种子。当 R 基于混沌系统时，密钥集由许多初始条件的适当变换而产生。这两种方式产生的水印是有效的，且是不可逆的。

子算法 T 对原始水印信息进行修改以得到与产品相关的水印 w。T 最好满足：

$$T(\widetilde{w}, x) \cong T(\widetilde{w}, x_w) \cong T(\widetilde{w}, x') \tag{8-8}$$

式（8-8）中 x 为原始作品，x_w 表示含水印的作品，x′ 表示被攻击后的含水印的作品，即 $x' = At(x_w)$，且 $x' \cong x_w \cong x$，其中 At（·）表示攻击操作，$\cong$ 表示相似。在这里需要指出

的是，原始水印信息也可以预先指定，而在嵌入水印前对该水印信号可以做适当的变换或者不做变换，密钥可以在水印的嵌入过程中产生。

目前，学者们已经提出各种各样的水印生成方法，大致可以分为伪随机、扩频、混沌、纠错编码、变换、分解和自适应等方法。

8.2.2　水印的嵌入

水印的嵌入过程如图 8 - 1 所示。水印嵌入过程就是将水印信号 w，嵌入到原始作品 x 中，一般的水印嵌入规则可以描述为：

$$x_w = x + \alpha w \tag{8-9}$$

$$x_w = x(1 + \alpha w) \tag{8-10}$$

式（8 - 9）为加法规则，式（8 - 10）为乘法规则，α 为水印嵌入强度，w 为水印生成算法 G 生成的水印，x 为原始载体信息，x_w 为含水印的载体信息。早期的许多水印算法都采用时空域方法和加法规则，近年来，变换域算法得到了更多的关注。

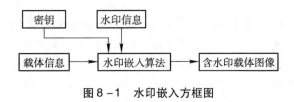

图 8 - 1　水印嵌入方框图

8.2.3　水印的检测和提取

水印的检测和提取算法是数字水印系统的关键部分之一。所谓水印检测，是根据检测密钥通过一定的算法判断可疑作品中是否含有水印，即判断水印的有与无。所谓水印提取，是根据提取密钥通过一定的算法（往往是嵌入算法的逆运算过程）提取可疑作品中可能存在的原始水印信息。如果水印的检测或提取过程中需要用到原始载体图像信息，则称此过程为明检测或明提取；如果水印的检测或提取过程中不需要用到原始载体图像信息，则称此过程为盲检测或盲提取。水印的检测和提取过程分别如图 8 - 2 和图 8 - 3 所示。另外，在水印检测过程中，往往需要原始水印信息的参与，重新生成水印信息，与含水印的载体图像进行相关运算，通过相关峰值的大小，判断载体图像中是否含有水印。

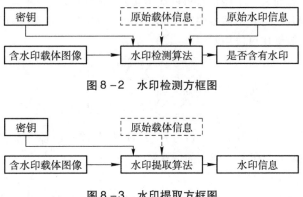

图 8 - 2　水印检测方框图

图 8 - 3　水印提取方框图

在水印检测的过程中，可能存在两种检测错误，即第 I 类错误（纳伪），产品中不存在水印，检测结果却存在水印（虚警）；第 II 类错误（弃真），产品中存在水印，检测结果却是不存在水印（漏报）。根据不同的应用情况，设置水印检测的精度水平，可以得到对应的虚警概率和漏报概率。

8.3 数字水印的特征

研究数字水印技术，必须根据具体应用情况进行开发，因为不同的应用对水印有不同的性能指标的要求。一般的不可见的用于版权保护的图像水印应具有如下的三个主要性能，即不可见性、鲁棒性和安全性。

8.3.1 不可见性

不可见性（invisibility）是指加入水印后的图像不能有视觉质量下降，与原始图像对比，很难或不能发现两者的差别。不可见性评价分为主观评价和客观评价。主观评价是观察者通过主观意识判断图像质量的好坏，主观评价会随不同的人，同一个人的不同时间、不同年龄、不同环境下体现的敏感度是不同的。因此，主观评价具有直观性，但存在着较大的不确定性，因人而异。本章对不可见性评价采用客观评价标准，将感知差异量化为一定的数值，通过数值大小的比较直接评价感知质量。常用的具有代表性的图像感知质量客观评价标准有以下几种。

（1）均方差（MSE）

MSE 可以直接反映出被评估对象发生的变化，嵌入水印的图像和原始载体图像之间的 MSE 可由式（8-11）表示。

$$MSE = \frac{1}{MN} \sum_{x=0}^{M-1} \sum_{y=0}^{N-1} [f(x,y) - \tilde{f}(x,y)]^2 \qquad (8-11)$$

式（8-11）中 $f(x, y)$ 和 $\tilde{f}(x, y)$ 分别表示原始载体图像各像素和含水印载体图像的各像素，M，N 为图像在 X 和 Y 方向上的像素数。

（2）信噪比（SNR）

相对原始载体图像而言，水印信号可以认为是随机噪声信号，有噪声就会影响原始作品的质量。信噪比（SNR）是表示信号的功率和噪声的功率的比值，其数值越大越好。在评价含水印图像质量时，信噪比可以用式（8-12）表示。

$$SNR = 10\log_{10} \frac{\sum_{x=0}^{M-1} \sum_{y=0}^{N-1} f(x,y)^2}{\sum_{x=0}^{M-1} \sum_{y=0}^{N-1} [f(x,y) - \tilde{f}(x,y)]^2} \qquad (8-12)$$

式（8-12）中，$f(x, y)$ 和 $\tilde{f}(x, y)$ 分别表示原始载体图像各像素和含水印载体图像的各像素，M，N 为图像在 X 和 Y 方向上的像素数。

（3）峰值信噪比（PSNR）。

为了降低计算复杂度，通常用峰值信噪比计算代替信噪比的计算。即信号的功率用其信号的最大值表示，计算公式用（8－13）表示。

$$PSNR = 10\log_{10} \frac{D^2 MN}{\sum\limits_{x=0}^{M-1} \sum\limits_{y=0}^{N-1} [f(x,y) - \tilde{f}(x,y)]^2} \tag{8－13}$$

式（8－13）中的符号含义同式（8－12），其中 D 为信号的最大值，如果图像每个像素用 8 位表示，则 $D=255$，若图像经过了归一化处理，则 $D=1$。

式（8－11）、式（8－12）、式（8－13）存在着一定的关系，三者都可以对图像质量进行评价，但常用 PSNR 进行评价，主观上可以容忍图像的 PSNR 的值都在 20db 以上。另外，为了达到主客观评价的一致，可以采用加权信噪比。

8.3.2 安全性

数字水印的安全性（security）表现为水印能够抵抗各种蓄意攻击的能力。蓄意攻击是指任何意在破坏水印功用的行为。一般的蓄意攻击有三类：即非授权去除、非授权嵌入和非授权检测。前两类可看作主动攻击，非授权检测可看作被动攻击。非授权去除是指通过攻击可以使作品中的水印无法检测；非授权嵌入，亦称伪造，指在作品中嵌入本不该含有的非法水印信息；非授权检测是指对手检测出含水印图像中的水印的存在或提取出了水印信息。

按照现代密码学理论，在加密算法中，安全性只取决于密码的安全性，而不是整个加密算法的安全性。水印算法也应具有同样的标准，在理想的情况下，如果不知道密钥，即使水印算法已知，也不可能检测出作品中是否有水印，这样的水印就可以称为加密水印。所以在水印的生成过程中，通常都要通过密码加密置乱，提高水印的安全性。为了进一步提高水印的安全性，在水印的嵌入和提取过程中，往往也使用随机密钥，确定嵌入的位置。在嵌入和提取过程中使用的随机密钥与水印生成过程中的密钥为水印提供了双重安全性，是水印系统中使用的两种密钥，分别称为生成密钥和嵌入密钥。

加密水印可以防止对手的非授权检测，但不一定能够抵抗非授权去除和非授权嵌入，所以必须研究相对安全的算法，保证在一定的程度上抵抗对手的主动攻击，增强水印的安全性。所以，通常意义上的安全水印，首先必须是通过密码加密生成的或通过随机密码嵌入的水印，安全性通过密码加以保证。

8.3.3 鲁棒性

经过密码加密的水印，嵌入到数字图像中，如果作为数字图像的版权的认证，还必须有强的鲁棒性（robustness），可以抵抗常见的数字图像处理（变换）操作，在经过图像处理后的含水印图像中，依然可以恢复原始水印图像，水印不会因处理变换而丢失，恢复的水印图像应清晰可辨。

图像的常规操作包括空间滤波、有损压缩、打印与复印、几何变换（如平移、旋转、缩放、裁剪、删除等）、图像量化与图像增强等。鲁棒水印在经过常规操作处理后，水印依然可以被检测或恢复出来。另外，强的鲁棒性还包括能够抵抗一定程度的水印攻击行为，包括非授权去除（如加噪攻击、共模攻击）、非授权嵌入（如拷贝攻击、多重嵌入攻击）和非授权检测等攻击。

 8.4 典型水印技术实例

水印技术主要是指水印的嵌入与提取技术，水印的置乱与加密技术等。本节主要从应用实例，说明如何对水印进行加密、如何进行水印的嵌入和提取，讲述相关的算法和算法特点等，主要在空间域、频率域和其他变换域中进行。

8.4.1 最低有效位算法

最低有效位算法（Least Significant Bit，LSB）是一种典型的空间域数字水印算法，Tikel 与 Van Schyndel 先后用此种算法将特定信息的数字水印信息嵌入数字图像和数字音频中。一般对于数字图像而言，其每一个像素值是以多比特的方式构成的，在彩色图像的 RGB 颜色空间中，它是利用 R、G、B 三个分量表示一个像素的颜色，用 R、G、B 分别表示红、绿、蓝 3 种不同的颜色，通过三原色可以合成出任意的颜色。由于红、绿、蓝分量分别占用 8 位，所以每个像素占 24 比特。在每一个分量中，每一个位对数字图像的贡献是不一样的。对于 8 位的灰度图像，每个像素值 g 可以用下式来表示：

$$g = \sum_{i=0}^{7} b_i 2^i \tag{8-14}$$

其中，i 代表像素的第几位，b_i 表示第 i 位的取值，$b_i \in \{0, 1\}$。

这样用 8 比特的二进制来表示各个分量的每一个像素值，所有像素的最低位构成的位平面显现出随机特性，并且改变最低位不会对视觉效果产生明显的影响。LSB 正是利用了这一特性在图像的低位来隐藏数字水印信息。虽然这种方法比较简单，运算量比较小，但水印的鲁棒性较差，像几何攻击等都会破坏水印信息，使水印信息无法提取出来。

（1）嵌入

选择一个载体元素的子集 $\{j_1, j_2, \cdots j_{L(m)}\}$，其中共有 $L(m)$ 个元素，用以隐藏秘密信息的 $L(m)$ 个比特。然后再在这个子集上执行替换操作，把 C_{ji} 的最低比特位用 m_i 来代替（m_i 的取值为 0 或 1）。一般从载体的第一个元素开始，顺序选取 $L(m)$ 个元素作为隐藏的子集，通常由于秘密信息的比特数 $L(m)$ 比载体的个数 $L(m)$ 小，嵌入处理只在载体的前面部分，剩下的载体元素保持不变。

（2）提取

找到嵌入信息的伪装元素的子集 $\{j_1, j_2, \cdots j_{L(m)}\}$，从这些伪装对象 S_{ji} 中抽出它们的最低比特位，排列之后组成秘密信息 m。

取 512 像素 × 512 像素大小的彩色 Lenna 图像来实现最低有效位（LSB）和最高有效位算法（MSB）其效果如图 8 - 4 所示。

(a) 原始Lenna图像　　　　　　**(b) 经LSB后的效果图**　　　　　　**(c) 经MSB后的效果图**

图8-4　原图分别进行 LSB 和 MSB 算法后效果图

8.4.2　离散余弦变换域算法

前面介绍的 LSB 算法是空间域算法，算法比较简单，实现起来也非常的容易，但是缺点就是：嵌入的水印信息量不能太多、鲁棒性比较差、尤其是对于量化、滤波和压缩攻击非常脆弱。为此，从近些年发表的国内外文献来看算法主要集中在变换域或频域，该种算法的主要思想就是：通过修改载体变换域的系数来实现水印的嵌入过程。

离散余弦变换（Discrete Cosine Transform，DCT）类似于离散傅里叶变换，它将图像表示成具有不同频率和振幅的正弦曲线的和，它是利用傅里叶变换的对称性将图像变为偶函数的形式，然后进行二维傅里叶变换，变换的结果仅包含余弦项，因此称为离散余弦变换。由于离散余弦变换是对图像信号的最佳变换，已经成为 JPEG、H. 261 和 MPEG 等一系列图像编码的国际标准。在数字图像处理中图像一般都是用二维矩阵来表示，对于一幅 M × N 的数字图像 $f(x, y)$，它的离散余弦变换如下：

$$B_{pq} = a_p a_q \sum_{m=0}^{M-1} \sum_{n=0}^{N-1} f_{mn} \cos \frac{\pi(2m+1)p}{2M} \cos \frac{\pi(2n+1)q}{2N} \tag{8-15}$$

$0 \leqslant p \leqslant M-1$，$0 \leqslant q \leqslant N-1$，数值 B_{pq} 称为 $f(x, y)$ 的 DCT 系数。其中：

$$a_p = \begin{cases} \dfrac{1}{\sqrt{M}}, & p = 0 \\ \sqrt{\dfrac{2}{M}}, & 1 \leqslant p \leqslant M-1 \end{cases} \qquad a_q = \begin{cases} \dfrac{1}{\sqrt{N}}, & q = 0 \\ \sqrt{\dfrac{2}{N}}, & 1 \leqslant q \leqslant N-1 \end{cases} \tag{8-16}$$

反离散余弦变换（IDCT）公式为：

$$f_{mn} = \sum_{p=0}^{M-1} \sum_{q=0}^{N-1} a_p a_q B_{pq} \cos \frac{\pi(2m+1)p}{2M} \cos \frac{\pi(2n+1)q}{2N} \tag{8-17}$$

$0 \leqslant m \leqslant M-1$ ，$0 \leqslant n \leqslant N-1$，其中：$a_p$，$a_q$ 同式（8-16）。

（1）DCT 变换的特点

在基于 DCT 的变换编码中，图像是先经分块（8×8 或 16×16）后再经 DCT，这种变换是局部的，只反映了图像某一部分的信息。当然也可以对整幅图像的特点进行变换，但是运算速度比分块 DCT 要慢。图像经 DCT 后，得到的 DCT 图像有三个特点：

①系数值全部集中到 0 值附近（从直方图统计的意义上），动态范围很小，这说明用较小的量化比特数即可表示 DCT 系数。

②DCT 变换后图像能量集中在图像的低频部分，即 DCT 图像中不为零的系数大部分集中在一起（左上角），因此编码效率很高。

③没有保留原图像块的精细结构，从中反映不了原图像块的边缘、轮廓等信息，这一特点是由 DCT 缺乏时局域性造成的。

原始图像 8－5（a）经过 DCT 变换后的系数图像为图 8－5（b）。两条线划分出图像的低频、中频和高频分别所在的矩形区域。可以看出，图像 DCT 变换后大部分参数接近于零，只有左上角的低频部分有较大的数值，中频部分参数值相对较小，而大部分高频参数值非常小，接近于零。

 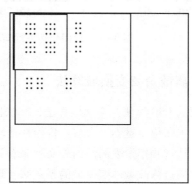

(a)原图像　　　　　　　(b)变换后的系数图像

图 8－5　DCT 变换

（2）离散余弦变换的数字水印嵌入和提取

根据离散余弦变换后的参数性质，采用以 ZigZag 方式重排变换域系数的方法，选出中频分量，用数字水印序列对其进行非线性调制。水印检测时，待检测图像仍按此方式选择变换域系数，与待检水印进行相关运算，或与阈值比较来判断是否含水印。

离散余弦域的数字水印算法的具体实现分为三步：宿主图像的变换、数字水印的嵌入，数字水印的检测。

①宿主图像的 DCT 变换。对于 $N \times N$ 大小的 256 灰度级的宿主图像 I 进行 $N \times N$ 二维离散余弦变换（DCT）。以 ZigZag 方式对于 DCT 变换后的图像频率系数重新排列成一维向量 $Y = \{y_1, y_2, \cdots y_{N \times N}\}$。

并取出序列中第 $L+1$ 到 $L+M$ 的中频系数部分，得到 $Y_L = \{Y_{L+1}, Y_{L+2}, \cdots Y_{L+M}\}$。

②数字水印的嵌入。假设数字水印 W 为一服从标准正态分布的随机实数序列，用数字序列表示为 $W = \{W_1, W_2, \cdots W_M\}$。用 W 对 Y 序列中第 $L+1$ 到 $L+M$ 的中频系数部分的值进行修改，按以下公式进行：

$$\begin{cases} y'_i = y_i & i \leq L \text{ 或 } i \geq L+m \\ y'_i = y_i + \alpha y_i^2 w_i & L < i \leq L+M, \ \alpha > 0 \end{cases} \qquad (8-18)$$

经过修改的系数序列 $Y' = \{Y_1', Y_2', \cdots Y_{N \times N}'\}$ 以 ZigZag 逆变换形式重组，再进行 $N \times N$ DCT逆变换，得到嵌有数字水印的图像 I'。

③数字水印的检测。待检测的可能含有水印的图像 I''。假设 I'' 未损失大量信息，可以近似认为 $I'' = I'$。在此假设下可以运用频系数相关性检测和阈值法来检测水印。

a. 待检水印与待检图像中频系数相关性的测定。同样对 I' 进行 DCT 变换，以 Zig-Zag 方式将 DCT 系数排成一维向量 $Y'' = \{Y_1'',\ Y_2'',\ \cdots Y_{N\times N}''\}$。由于假设 $I'' = I'$，则 $Y'' = Y'$。

取出 Y''（等于 Y'）中第 $L+1$ 到 $L+M$ 的中频系数部分 $Y_L'' = \{Y_{L+1}'',\ Y_{L+2}'',\ \cdots Y_{L+M}''\}$。假设待检测的数字水印 $X = \{X_1,\ X_2,\ \cdots X_M\}$ 为一符合标准正态分布的实数伪随机序列。则可以通过待检水印与图像中频系数作相关运算来判断是否加入了水印。只有在待检水印为所加入的水印时，才能得到较大的相关值。否则相关值很小，接近于零。

$$Z = \mathrm{cov}(Y_L',X) = \frac{1}{M}\sum_{i=1}^{M}(Y_{L+i}X_i) = \frac{1}{M}\sum\left[(Y_{L+i}X_i) + \alpha(Y_{L+i}^2 W_i X_i)\right] \qquad (8-19)$$

用符号 E 表示数学期望，得到：

$$
\begin{array}{ll}
E(z) = \alpha E(Y^2) & X = W \\
E(z) = 0 & X \neq W \\
E(z) = 0 & \text{没有水印存在}
\end{array}
\qquad (8-20)
$$

b. 阈值法。根据中心极限定理，参照水印匹配与不匹配两种情况得到阈值为 $T_z = \alpha E(Y_L^2)/2$。由于原始图像难以得到，因此从实用性出发，阈值定义为：

$$T_Z = \alpha E(Y_L^2)/2 = \frac{\alpha}{M}\sum_{i=1}^{M}Y_{L+i} \qquad (8-21)$$

综上所述，满足 $Z > T_z$ 或 $\dfrac{2}{2\times T_z} > 0.5$ 时，则表明检测到匹配水印。否则，未检测到匹配的水印。

离散余弦变换将图像信号从时域变换到频域，它是现在广泛使用的有损数字图像压缩系统的核心步骤之一。为了兼顾水印算法的鲁棒性和不可见性，一般采取下列方法：

①首先将彩色 RGB 图像转换成 YC_bC_r，然后选择亮度分量进行 8×8 大小分块进行 DCT 变换，通过修改 DCT 变换系数（式 8-18）将水印信息嵌入到离散余弦变换的中频系数，从而实现了信息的隐藏。如图 8-6（a），（b）所示。

②提取时，对嵌入水印后的图像亮度分量进行 8×8 大小分块进行 DCT 变换，通过阈值法式（8-21）提取出数字水印。如图 8-6（c），（d）所示。

8.4.3　傅里叶变换全息水印技术

全息技术的基本思想是由英国的科学家 Dennis Gabor 于 1948 年提出来的，由于受到当时光源等条件的限制，直到 20 世纪 60 年代第一台激光器问世以后，全息技术才获得了空前的发展。全息技术的主要特点是它不仅仅记录了物体的振幅信息，而且还记录了物体的相位信息，从而更加真实地反映了原物体。

全息技术的基本原理是：利用光学中的干涉和衍射的基本原理记录并重现物体的真实三维图像。这个过程主要涉及干涉和衍射两个过程，干涉过程包括两个步骤：第一步是利用光学中的干涉原理来记录物体的光波信息，这一步也称为拍摄过程，被拍摄的物

(a) 原始载体图像

(b) 嵌入水印后的图像

(c) 原始水印图像

(d) 提取的水印图像

图 8-6　DCT 域彩色图像算法实现

体会在激光的辐照下形成漫射式的物光束。第二步是物光束的光和照射到全息底片上的激光进行叠加从而产生干涉现象，并把物体光波上每一点的振幅和相位转换到空间上变化的强度，这样就可以根据产生的干涉条纹间的反差和间隔把物体光波的全部信息记录下来。接着把记录着干涉条纹的底片经过显影、定影等处理后就得到了一幅全息图像。衍射过程主要为：利用光的衍射原理再现物体的光波信息，又称为成像过程。全息图就好比是一个非常复杂的光栅，在相干激光的照射下，一张线性记录的正弦性全息图的衍射光波一般可给出原始像和共轭像两个图像。由于全息图像上的每一部分都记录着物体上的光信息，所以全息图上的每一部分都能恢复出原始物体的整个图像。通过多次曝光的方法还可以在一张底片上记录多个不同的图像信息，并且它们之间是互不干扰的并能分别显示出来。

　　按照被记录时的曝光量相对应的方式分别是改变的照明光波的振幅信息还是相位信息，全息照片可以分为振幅型和相位型两种。按照干涉条纹的间距和感光膜层厚度的相对大小来划分，全息照片可以分为薄型（又称二维型或平面型）和厚型（又称为三维型或体积型）两类。在厚型的全息照片中，如果按照拍照时物光束与参考光束是否在感光膜的同侧入射，又可以分为反射型全息照片和透射型全息照片。如果按照记录全息图时光路布局的不同，可以分为同轴型全息图和离轴型全息图。只要波动在形成干涉花样时具有相干性的波动（如：X 射线、电子波、声波、微波等）都可以作为全息学的波动。光学全息技术主要应用于电视、立体电影、干涉度量学、军事侦察监视、显微术、水下探测、金属内部探测、遥感、艺术品、保存珍贵的历史文物、信息存储、记录物理状态变化极快的瞬时现象、瞬时过程（例如燃烧和爆炸）等方面。

　　基于全息技术的原理，人们构造了傅里叶变换全息数字水印。设待嵌入的水印图像为 g_{mark}，g_0 为经过一个具有二维高斯随机相位分布的模拟相位模板调制后的水印图像，则：

$$g_0(x, y) = g_{mark}(x, y) \exp\left[i\phi(x, y)\right] \tag{8-22}$$

式中，二维相位 $\phi(x, y)$ 是由高斯随机数决定的。

通过调制的水印图像经傅里叶变换，然后同参考光相干涉，干涉产生的强度分布场就是本文想要的傅里叶变换全息图。

水印图像的傅里叶变换为：

$$G_{mark}(\xi, \eta) = \iint g_0(x, y) \exp\left[-2\pi(\xi x + \eta y)\right] \mathrm{d}x\mathrm{d}y \tag{8-23}$$

其中平面参考光定义为：

$$R(\xi, \eta) = R_0 \exp\left[2\pi i(a\xi + b\eta)\right] \tag{8-24}$$

那么，水印图像和参考光相干涉后的光场分布为：

$$H_1(\xi, \eta) = \left|G_{mark}(\xi, \eta) + R(\xi, \eta)\right|^2 = \left|G_{mark}(\xi, \eta)\right|^2 + \left|R(\xi, \eta)\right|^2 +$$
$$G_{mark}^*(\xi, \eta)R(\xi, \eta) + G_{mark}(\xi, \eta)R^*(\xi, \eta) \tag{8-25}$$

式（8-25）中的第一项和第二项是傅里叶变换全息图的晕轮光和中心亮点，对水印的再现有一定的影响，所以将其去除则得到：

$$H(\xi, \eta) = G_{mark}^*(\xi, \eta)R(\xi, \eta) + G_{mark}(\xi, \eta)R^*(\xi, \eta) \tag{8-26}$$

这就是将用到的数字全息的表达式。它记录了物光波的振幅和相位信息，也就是宿主图像中要嵌入的水印信号。

全息图的数字重现是用表示照明光的数学表达式和全息图相乘，然后再进行傅里叶逆变换以获得再现图像的光场强度分布。一般重构光可定义为：

$$S(\xi, \eta) = \left|S(\xi, \eta)\right| \exp\left[i\phi_s(\xi, \eta)\right] \tag{8-27}$$

在最简单的情况下 $\left|S(\xi, \eta)\right| = 1$，$\phi_s(\xi, \eta) = 0$。这种情况下傅里叶逆变换得到的重构图像为，

$$g_R(x, y) = \iint H(\xi, \eta) \exp\left[2\pi i(\xi x + \eta y)\right] \mathrm{d}\xi\mathrm{d}\eta \tag{8-28}$$

将式（8-26）代入式（8-28）可以得到重构光场，

$$g_R = g_0^*\left[(x-a), (y-b)\right] + g_0\left[-(x+a), -(y+b)\right] \tag{8-29}$$

式（8-29）表明，原始像和共轭像同时再现在平面上，分别以 (a, b)，$(-a, -b)$ 为中心。再现像的位置可以由常量 a 和 b 的选择来控制。

设 $Q(\xi, \eta)$ 为原始载体图像，$\omega(\xi, \eta)$ 为水印的嵌入强度，则嵌入水印后的载体实值图像为，

$$I(\xi, \eta) = Q(\xi, \eta) + \omega(\xi, \eta)H(\xi, \eta) \tag{8-30}$$

其中，

$$\omega(\xi, \eta) = \begin{cases} \alpha \\ \alpha Q(\xi, \eta) \end{cases} \tag{8-31}$$

在对全息图进行数字再现之前，需要利用数字图像处理的方法对所得计算全息图进行滤波处理，以便消除零级像，使再现时获得清晰的像。

为了恢复原始图像，将 $I(\xi, \eta)$ 进行傅里叶逆变换，得到：

$$g(x, y) = q(x, y) + \alpha g_R(x, y) \tag{8-32}$$

8.4.4　加密全息水印技术

Fourier 全息变换水印技术是 N. Takai 和 Y. Mifune 提出的，其原理首先将水印信息与一块

随机相位模板紧贴，置于 Fourier 透镜的输入面进行 Fourier 变换，在 Fourier 频谱面上与一束参考光进行叠加，记录其强度信息，即形成了全息水印；将该全息水印与载体图像直接叠加形成了含全息水印的载体图像，其嵌入强度由嵌入系数 α 确定，α 越大，嵌入强度越强，恢复的原始水印越清晰，但水印的不可见性就差；水印的恢复，将含水印的载体图像进行逆 Fourier 变换，在 Fourier 变换的输出面上就会出现对称分布的原始水印图像，适当进行设计，并适当选择记录参考光的角度，就会得到清晰的对称分布的原始水印图像。该方法有其固有的特点，水印信息是实值函数，由于采用了输入面的随机相位调制，其水印信息强度是均匀分布的；可以抵抗一定的攻击，如剪切、放大或缩小等；可以数字重建或光学重建。但该算法在水印生成时，没有采用密码加密技术，缺乏安全性，在没有授权的情况下，任何人都可以从含水印图像中获取原始水印信息，所以该水印是不安全的。而且该水印无法抵抗如 JPEG 有损压缩、低通滤波等常见的图像处理操作。

8.4.4.1 双随机相位调制技术

可见光波具有 5 个特征值：振幅、角频率、波长、初相位和偏振方向。对光波进行调制，就可以对光波携带的信息进行加密。其中通过相位进行加密，是目前应用最多的方式，双随机相位调制就是通过相位加密的一种方法，也是国内外学者研究和应用最多的一种方法。双随机相位加密方法就是利用两个分别置于系统输入和输出平面的随机相位将水印图像加密为白噪声，除非知道对图像进行加密的密钥，否则不可能对加密图像进行正确的解密，广泛地应用于光学图像的防伪中。

设待加密图像或数据为已归一化的 $f(x, y)$，图像大小为 $M \times N$。其中 (x, y) 表示空域坐标，(ξ, η) 表示频域坐标，$\varphi(x, y)$ 为双随机相位的加密图像。$p(x, y)$ 和 $b(\xi, \eta)$ 为服从均匀分布的两个独立白噪声随机图像。经双随机相位加密后图像为：

$$\varphi(x, y) = \{f(x, y)\exp[j2\pi p(x, y)]\} * h(x, y) \qquad (8-33)$$

其中，$h(x, y)$ 是 $H(\xi, \eta) = \exp[j2\pi b(\xi, \eta)]$ 的脉冲响应，$*$ 为卷积运算符号。

其中 $\varphi(x, y)$ 包含了图像的振幅信息和相位信息，是一个复数图像，因此不能直接看做水印信息叠加到载体图像中，这就需要对其做一些处理。全息数字水印技术不仅能记录图像信息的振幅信息，还包括相位信息，并且经数字全息技术记录和处理后的数字全息图像可以直接作为水印信息嵌入到载体图像中。

加密图像的解密过程是加密的逆过程，即将加密图像进行傅里叶变化后乘以 $\exp[-j2\pi b(\zeta, \eta)]$，再进行反傅里叶变换后乘以 $\exp[-j2\pi p(x, y)]$，就可以得到原始图像 $f(x, y)$。理论证明 $\varphi(x, y)$ 是一个白噪声图像，其均值为 0，方差为：

$$\sigma_\phi^2 = \frac{1}{M \times N}\left[\sum_{u=0}^{M-1}\sum_{v=0}^{N-1}|f(u, v)|^2\right] \qquad (8-34)$$

8.4.4.2 加密数字全息图像及其解密

由于 $\varphi(x, y)$ 包含了振幅信息和相位信息，是一个复数图像，所以可以设 $\varphi(x, y) = A(x, y)\exp[j\phi(x, y)]$，其中 $A(x, y)$ 为幅值信息，$\phi(x, y)$ 为相位信息。设同轴参考光的相位为 $\exp(j\phi_0)$，其中 ϕ_0 为常数，则同轴全息图像可以表示为：

$$\begin{aligned} H(x, y) &= |A(x, y)\exp\{j[\phi(x, y) + \phi_0]\} + \exp(j\phi_0)|^2 \\ &= 1 + |A(x, y)|^2 + A(x, y)\exp[j\phi(x, y)] + A(x, y)\exp[-j\phi(x, y)] \end{aligned} \qquad (8-35)$$

此全息图像中含有 $A(x, y)\exp[j\phi(x, y)]$ 项，此项即为恢复的原始图像的信息。此外，

全息图像中的 $1 + \mid A(x, y) \mid^2 + A(x, y) \exp[-j\phi(x, y)]$ 项中的常数项 1 可以通过零频滤波滤除，$\mid A(x, y) \mid^2$ 项可以通过零级滤波或者计算其功率谱密度加以滤除，$A(x, y) \exp[-j\phi(x, y)]$ 项为恢复图像中增加的背景高斯白噪声的方差。

同轴全息图像经过计算功率谱或者滤波处理后，得到新的加密数字全息图像为：

$$H'(x, y) = A(x, y) \exp[j\phi(x, y)] + A(x, y) \exp[-j\phi(x, y)] \qquad (8-36)$$

加密图像的解密过程是加密过程的逆过程，其解密过程可以分成以下两步：

①加密图像 $H'(x, y)$ 进行傅里叶变换后，进行相位值 $-b$ 的随机调制，即乘以 $\exp[-j2\pi b(\xi, \eta)]$。

②再进行反傅里叶变换，并进行相位值为 $-p$ 的随机调制，即乘以 $\exp[-j2\pi p(x, y)]$，就得到了原始图像 $f(x, y)$。

其中在原始图像 $f(x, y)$ 的背景上叠加了高斯白噪声信号 $f_1(x, y)$，其 $f_1(x, y)$ 的表达式为：

$$f_1(x, y) = IFT\{\hat{A}(\xi, \eta) \exp[-j2\pi b(\xi, \eta)]\} \times \exp[-j2\pi p(x, y)] \qquad (8-37)$$

其中，$\hat{A}(\xi, \eta)$ 为 $A(x, y) \exp[-j\phi(x, y)]$ 的傅里叶变换。

8.4.4.3 加密全息水印的生成和嵌入

通过前面对双随机相位加密技术的算法分析和研究，提出了一种频域的彩色图像加密全息水印算法，具体嵌入算法由以下 8 个步骤组成：

①生成两个随机矩阵 p，b，作为光全息系统的双相位，即加密解密系统的双密钥。

②二值水印图像进行相位值 p 的随机调制，即乘以 $\exp[j2\pi p(x, y)]$。

③对变换后的图像进行傅里叶变换，然后进行相位值为 b 的随机调制，即乘以 $\exp[j2\pi b(x, y)]$，再进行傅里叶反变换。

④双随机相位加密之后生成同轴全息图像，即有，

$$H(x, y) = A(x, y) \exp[j\phi(x, y)] + A(x, y) \exp[-j\phi(x, y)] \qquad (8-38)$$

⑤对载体彩色图像进行颜色空间转换，从 RGB 颜色空间转换到与设备无关的 CIELab 颜色空间。

⑥对转换后的 L 分量进行小波分解，取其小波变换的低频系数进行水印的嵌入。

⑦嵌入系数 α 为 2～20 之间，对 L 小波变换后的低频系数和 H 进行叠加求和，即频域嵌入。

⑧对嵌入水印后的 L 分量的小波系数，进行逆小波变换得到 L 分量，再把颜色空间从 CIELab 空间转换到 RGB 颜色空间，得到含有水印信息的载体图像。

8.4.4.4 加密全息水印的提取

彩色图像的加密全息水印的提取算法步骤如下：

①对含水印的彩色图像进行颜色空间转换，从 RGB 颜色空间转换到与设备无关的 CIELab 颜色空间，取其亮度信息 L，进行小波分解，取其低频小波系数。

②对嵌入加密水印后的图像进行高斯高通滤波。

③对滤波后的图像进行傅里叶变换。

④接着对其进行相位值为 $-b$ 的随机调制即乘以 $\exp[-j2\pi b(\xi, \eta)]$，然后进行傅里叶反变换。

⑤最后对其进行相位值为 $-p$ 的随机调制即乘以 $\exp[-j2\pi p(x, y)]$，即可得到在原始

图像上叠加了高斯白噪声的图像。

仿真实验结果表明，由于提取水印过程中并不需要原始载体图像，属于盲提取技术。其全息加密及嵌入水印后图像、提取水印图像如图8-7所示。

(a) 原始载体图像　　　　　　(b) 原始水印图像　　　　　　(c) 加密全息水印

(d) 加入水印后图像　　　　　(e) 提取的水印图像

图8-7　加密全息水印嵌入及加密效果

8.4.4.5　加密全息水印的盲提取技术

从上述加密全息水印盲提取算法仿真知道，只有在载体图像的像素数很大的情况下，其提取的背景噪声是高斯白噪声，盲提取技术才是有效的。但一般图像的大小是按实际应用的具体情况来确定的，并不一定都是高像素数、高分辨率的图像。因此，必须对盲提取技术进行研究，改善提取图像的质量，适应更广泛的应用环境。可以从加密全息水印图像的特征进行分析。

（1）扩频原理

在20世纪50年代，为了实现一种拦截概率小、抗干扰能力强的通信手段，提出了扩频通信技术（spread spectrum），简称扩频。扩频技术的理论基础是信息论和抗干扰理论。香农（Shannon）得到信息论的一个重要公式：

$$C = B\log_2\left(1 + \frac{P_S}{P_N}\right) \tag{8-39}$$

式（8-39）中，C表示信道容量，B表示信道带宽，P_N是噪声的功率，P_S是信号的功率。香农公式表明了无失真传输信息的能力同信噪比以及信号带宽之间的关系。将式（8-39）换成自然对数形式：

$$\frac{C}{B} = 1.44\ln\left(1 + \frac{P_S}{P_N}\right) \tag{8-40}$$

对于强干扰环境的典型情况，$P_S/P_N \ll 1$，则式（8-36）可以通过幂级数展开，且略去高次项得：

$$\frac{C}{B} = 1.44 \frac{P_S}{P_N} \tag{8-41}$$

通过上述分析可以得到一个重要的结论：对于给定的信道容量 C，可以用不同的带宽 B 和信噪比 P_S/P_N 的组合来传输信息。如减少带宽，则必须加大发送信号的功率；如有较大的传送信号的带宽，则在同样的信道容量下，可以用较小的信号功率来传输。这表明宽带系统具有较好的抗干扰性能。因此，当信噪比较小，不能保证通信质量时，常用宽带系统改善通信质量，使信号在强干扰的情况，仍然可以保证可靠通信。

（2）加密全息水印图像的频谱特征分析

通过双随机相位调制加密，生成的加密全息图像是均值为零方差为 σ_H^2 的白噪声信号，是理想的宽带信号。通过双随机相位调制加密，将原始水印信号（一般是低频、有限带宽的信号），调制成为宽带信号，即进行了扩频处理。加密全息图像是 $\delta-like$ 函数，以加密图像同轴全息为例，推导如下：

加密图像同轴全息生成的数字全息图像为式（8-42）所示：

$$H'(x, y) = \psi(x, y) + \psi^*(x, y)$$
$$\psi(x, y) = \{f(x, y)\exp[j2\pi p(x, y)]\}\otimes h(x, y) \tag{8-42}$$

在式中 $\psi^*(x, y)$ 是 $\psi(x, y)$ 的共轭，如果 $\psi(x, y)$ 是 $\delta-like$ 函数，则 $\psi^*(x, y)$ 也是 $\delta-like$ 函数，且其方差与 $\psi(x, y)$ 的方差是一样的。$\psi(x, y)$ 可以写成式（8-43）的形式：

$$\psi(x,y) = \sum_{\xi=0}^{M-1}\sum_{\eta=0}^{N-1} f(\xi,\eta)\exp[j2\pi p(\xi\eta)h(x-\xi,y-\eta) \tag{8-43}$$

可以证明 $\psi(x, y)$ 的自相关函数为：

$$E[\psi^*(x,y)\psi(x+\tau,y+\beta)] = \frac{1}{MN}\left[\sum_{\xi=0}^{M-1}\sum_{\eta=0}^{N-1}|f(\xi,\eta)|^2\right]\delta(\tau,\beta) \tag{8-44}$$

式（8-44）表明，通过双随机相位调制加密，生成的加密图像是均值为零，方差为 σ_ψ^2 的白噪声信号。

$$\sigma_\psi^2 = \frac{1}{MN}\left[\sum_{\xi=0}^{M-1}\sum_{\eta=0}^{N-1}|f(\xi,\eta)|^2\right] \tag{8-45}$$

而且 $\psi(x, y)$ 的实部 $\psi_R(x, y)$ 和虚部 $\psi_I(x, y)$ 都是高斯随机噪声，均值为零，方差为 $\sigma_\psi^2/2$。所以式（8-42）中的 $H'(x, y) = 2\psi_R(x, y)$ 的均值为零，方差为 $4*\sigma_\psi^2/2 = 2\sigma_\psi^2$。所以加密图像同轴全息生成的数字全息图像 $H'(x, y)$ 是 $\delta-like$ 函数，均值为零，方差为 $\sigma_H^2 = 2\sigma_\psi^2$，此信号为宽带信号，在宽频带范围内，其信号的功率分布是均匀分布的，图8-8所示为加密全息图像的频谱分布图像，可见，在整个频谱范围内，其分布是随机均匀的，将原始水印信号进行了扩频处理。

（3）载体图像的频谱特征

载体图像一般是有意义的图像，其特征为低频部分能量集中，而高频部分能量相对少。如图8-9所示为载体图像的频谱特征（图像中心为低频，越靠近边沿频率越高），90%以上的能量被集中在低频部分，而且半径较小。这一特征与加密全息图像的频谱分布特征完全不

(a) xy方向频谱分布

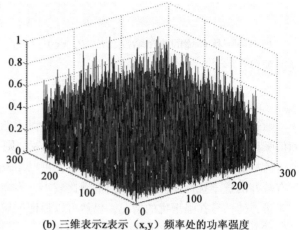
(b) 三维表示z表示（x,y）频率处的功率强度

图8-8　加密全息图像的频谱分布图像

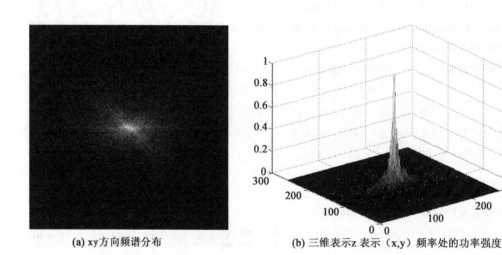

(a) xy方向频谱分布　　　　　**(b) 三维表示z 表示（x,y）频率处的功率强度**

图8-9　载体图像的频谱特征（图像中心为低频，越靠近边沿频率越高）

同。可以通过对应的低频抑制滤波技术，将载体图像的影响降为最低，从而提高恢复图像的清晰度和对比度。

（4）加密全息水印盲提取技术

通过对载体图像和加密全息水印图像的分析可知，加密全息水印图像是一种扩频图像，在整个频率范围内是随机均匀分布，而载体图像频谱的能量主要集中在低频部分，高频能量极低。利用它们的频谱特征，我们设计了加密全息水印盲提取滤波器。其基本设计思想是：抑制载体图像频谱低频影响，保留含水印图像的高频部分。具体分析如下。

不失一般性，含水印载体图像的频谱特征可以用图8-10进行理想表示。图8-10是图8-8和图8-9叠加后进行一维切片的近似结果，一维切片经过了零频点。

图8-10中的 $C(x, y)$ 和 $H'(x, y)$ 的频谱是有较大的差别，载体图像的频谱是集中在低频部分，高频细节能量相对较小，而水印频谱是在整个频率范围内，近似为一直线，水印能

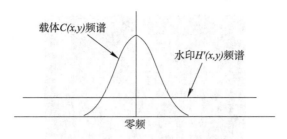

图 8-10 含水印载体图像的频谱特征

量均匀分布在整个频率空间上。针对图 8-10，可以采用高斯高通滤波器，将低频信号进行抑制，盲水印提取的原始水印信号质量高。

图 8-11（a）是高斯高通滤波器对含水印的载体图像（256 像素 × 256 像素大小）进行滤波，将低频部分进行抑制，高频部分进行保留，将载体图像的 90% 以上的能量滤除，从而降低了载体图像的影响，提高了恢复原始水印的质量，图 8-10（b）是从图 8-7 含水印载体图像（$\alpha = 25\%$）中恢复的原始水印图像，图中的 USST 清晰可见。

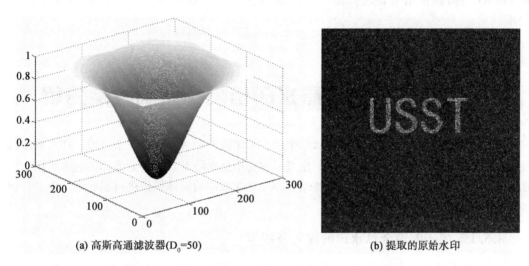

(a) 高斯高通滤波器(D_0=50)　　　　　　　　(b) 提取的原始水印

图 8-11 通过高斯高通滤波进行的盲水印提取效果

对于大部分的载体图像其频谱特征与图 8-10 的 $C(x, y)$ 相似，所以可以采用高斯高通滤波进行盲水印提取前的预处理操作。但不同的载体图像可能的频谱范围是不同的，这样在提取时，就需要采用不同的截止频率，当然也可以采用优化方法进行优化选择。在操作上，由于高斯高通滤波本质是抑制载体的能量，而载体的能量一般是集中在某些频率段上，将其降低后，整个频率段的能量就变成均匀分布，可理想认为均匀分布的能量在每一频率上是相等的，并进行归一化。经过这样滤波器后，含水印的载体图像的频谱在整个频段上都变成为 1，这一操作可以通过对载体图像进行 Fourier 变换，将其频谱在整个频段上置 1（只取相位信息，去除振幅信息），再进行反变换，就可以完成提取的预处理工作了。这样的预处理对所有的载体图像都是适合的，无须采用不同的截止频率，或采用优化方法进行优化选择。

167

图 8 - 12　仅利用 Fourier 谱的相位信息进行的盲水印提取效果

图 8 - 12 表明，仅利用 Fourier 谱的相位信息进行的盲水印提取的效果与高斯高通滤波的效果相当，恢复的原始水印都有较高的质量。但在对载体图像的适应性上，仅利用 Fourier 谱的相位信息，进行的盲水印提取更好，所以本章采用了这种盲水印提取技术。

 ## 8.5　加密全息水印仿真结果和性能分析

加密图像全息水印技术，包含了水印生成、水印嵌入和水印提取三个过程。其中水印的生成采用了加密图像的同轴全息技术，生成了加密全息水印 $H'(x, y)$；水印的嵌入采用了加法规则；提取算法采用了盲水印提取技术，即先对含水印的载体图像进行预处理，再进行相应的解密算法获取原始水印图像。

8.5.1　加密图像全息水印的嵌入及提取

仿真实验用原始图像 Lena，经过放大处理，图像大小为 512 像素 × 512 像素，灰度等级为 256。水印图像是表示特征信息或版权信息的二值图像，图像大小为 512 像素 × 512 像素。水印嵌入强度系数 α（5% ~ 50%），嵌入水印后的图像及对应的恢复图像如图 8 - 13 所示。加入水印前后的载体图像在视觉上无法区分，体现了水印的不可见性。

从嵌入水印后的图像中，通过正确的相位模板解密，可获得重建水印图像，以此证明原始图像的版权。在水印重建过程中，不需要原始图像的参与，此重建过程是盲检测过程。图 8 - 13 中的 PSNR 采用式（8 - 13）的标准，其中 $f(x, y)$ 和 $\tilde{f}(x, y)$ 分别表示为归一化的原始载体图像和嵌入水印后的载体图像，$D = 1$。

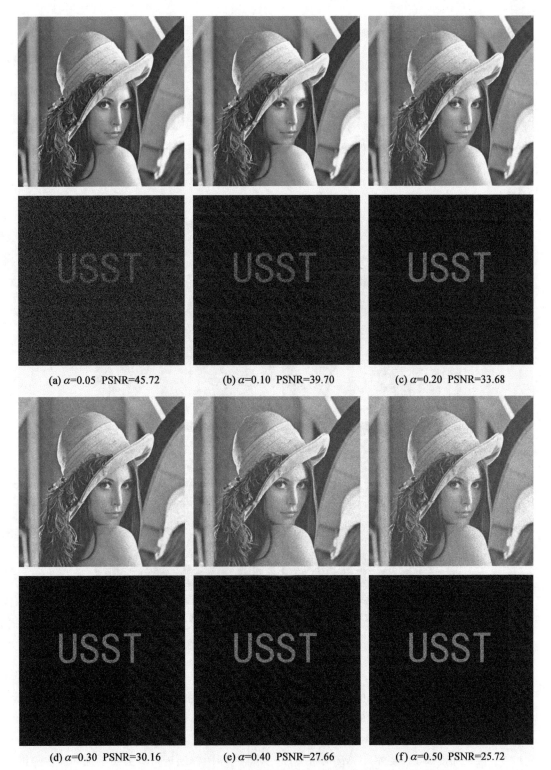

(a) α=0.05 PSNR=45.72　　(b) α=0.10 PSNR=39.70　　(c) α=0.20 PSNR=33.68

(d) α=0.30 PSNR=30.16　　(e) α=0.40 PSNR=27.66　　(f) α=0.50 PSNR=25.72

图 8-13　含水印的载体图像和用正确密钥解密恢复原始二值水印图像

(α 为叠加强度，PSNR 为峰值信噪比)

8.5.2 水印的鲁棒性测试

为了检验加密数字全息水印算法的鲁棒性,对含水印图像进行了低通滤波、JPEG 有损压缩、剪切干扰和加性随机噪声干扰等常见的干扰处理。仿真时取水印嵌入强度系数 $\alpha = 25\%$,仿真结果如下:

(1) 低通滤波

为了测试含水印的图像抗低通滤波性能,对含水印图像进行了高斯滤波和巴特沃兹滤波,滤波器阶数 $N = 2$,截止频率 $D_0 = 50$。滤波后的图像及对应的恢复图像如图 8 − 14 所示。

(a) 高斯低通滤波   (b) 巴特沃兹低通滤波

(c) 高斯低通滤波后恢复图像   (d) 巴特沃兹低通滤波后恢复图像

图 8 −14 经低通滤波后的载体图像及对应的恢复图像

(2) JPEG 有损压缩

JPEG 图像压缩是一种常见的图像操作,为了测试水印算法的抗 JPEG 压缩能力,对含水印图像进行了 75% 和 50% 质量的有损压缩,仿真结果如图 8 − 15 所示。

(3) 剪切干扰和加性随机噪声干扰

为了检验加密数字全息水印算法的鲁棒性,对含水印图像还进行了剪切干扰和加性随机噪声干扰仿真。仿真结果如图 8 − 16 所示。图 8 − 16 (a) 是含水印图像经 50% 剪切生成的图像;图 8 − 16 (b) 是含水印图像经 Photoshop 画笔任意涂鸦后的图像;图 8 − 16 (c) 是含水印图像加入强度为 0.02 的椒盐噪声后的图像。

(a) 75%质量JPEG压缩　　　　　　(b) 50%质量JPEG压缩

(c) 75%质量JPEG压缩后恢复图像　　　(d) 50%质量JPEG压缩后恢复图像

图 8-15　含水印的载体图像经过 JPEG 有损压缩后图像及其恢复水印图像

(a) 剪切图像　　　　　(b) 涂鸦图像　　　　　(c) 加噪声图像

(d) 剪切图像后恢复图像　　(e) 涂鸦图像后恢复图像　　(f) 加噪声图像后恢复图像

图 8-16　含水印图像经过剪切、涂鸦和加性随机噪声操作后的图像及其恢复水印图像

（4）水印技术对不同载体图像和水印信息的适应性

加密图像全息水印技术对不同的载体图像和水印图像有很强的适应能力，图 8-17 说明了对不同原始载体图像和水印图像的应用的适应性。图 8-17 中图像的大小为 256 像素×256 像素，原始载体的灰度图像的灰度级为 8bit，原始水印图像是二值图像。其嵌入强度为 $\alpha = 25\%$，嵌入效果如图 8-17(g)，(h)，(i) 所示，恢复的水印信息如图 8-17(j)，(k)，(l) 所示。

图 8-17　不同原始载体图像和水印图像的应用

（a），（b），（c）—原始灰度载体图像；（d），（e），（f）—原始二值水印图像；

（g），（h），（i）—含水印的载体图像；（j），（k），（l）—用正确密钥解密恢复原始二值水印图像

从以上仿真结果可以得到如下结论：加密全息数字水印技术是建立在双随机相位加密技术的基础上，并结合了数字全息技术的特点，具有高安全性、不可见性和鲁棒性。理论分析证明了加密全息数字水印方法的可行性。仿真实验证明了加密全息数字水印具有抗低通滤波、剪切、叠加噪声和 JPEG 压缩等干扰能力。从嵌入水印后的图像及其受干扰图像中，通过正确的相位模板解密，都可获得重建水印图像。加密图像全息水印技术对不同的载体图像和水印图像都有很强的适应能力。在水印重建过程中，不需要原始图像的参与，此重建过程是盲检测过程。

8.6 印刷水印技术

8.6.1 印刷及印刷防伪技术概述

8.6.1.1 印刷技术

印刷技术是研究如何将文字、图像等图文信息记录到纸张等有形的介质上的专门技术。连续调图文信息在印刷中通过网目调技术表现出来。传统的网目调技术是指原稿的连续阶调通过细小的点集表示，这些细小的点直径不同，但分布均匀，即相邻点的中心距相等。排列均匀的点，又称为网点。人眼在观察时，不能分辨各个独立的点，从而有连续阶调的感觉，这种网目调技术称为调幅网点技术。为了提高印刷质量，研究人员不断改进加网技术，特别是计算机技术的应用，出现了各种数字加网技术，如调频加网技术、模式抖动技术、误差扩散技术等，这些数字加网技术应用到相应的输出设备，提高了设备的输出质量。调频网点技术术就是由计算机生成与像素值大小相同或成比例的细小点数，这些细小点数随机地分布在一个网目调单元中，一个网目调单元中的点数和相当于一个常规的调幅网点的大小。印刷品质量与印刷设备、印刷工艺、印刷材料、印刷方式、制版技术等密切相关。

8.6.1.2 印刷防伪技术

防伪是指为防止拥有版权的产品被伪造而采取的措施。印刷防伪一般是指防止对图像商标产品、证件、证券或文件等的伪造。一般来讲，防伪技术应具有：技术含量高，难以复制和仿制；易于检验；成本合理，制作方便；防伪标识不能重复使用等特点。

印刷品防伪技术是一种综合性的防伪技术，从印刷设备、印刷工艺、印刷材料、印刷方式、制版技术等方面都可以实现防伪。防伪技术主要包括：防伪纸张；防伪油墨（紫外荧光油墨、日光激发变色油墨、红外防伪油墨、光致变色油墨、热敏防伪油墨等）；防伪印刷技术（雕刻制版、计算机制作版纹、凹版印刷、彩虹印刷、花纹对接、对印、缩微技术、折光潜影等）；物理信息防伪技术（如全息技术防伪、衍射光栅防伪、核径迹防伪、重离子微孔技术、微电子技术防伪等）等。另外，还有生物技术防伪、包装结构防伪、编码防伪和印章防伪等。

防伪和伪造永远是矛盾的两个方面，没有一种技术能保证永远百分之百防伪。随着电子技术的发展，用计算机、扫描仪、打印机及图像处理软件构成的系统，可以轻而易举仿制激光全息标识等高科技防伪标识。传统的许多防伪技术，都存在一些弊端，主要表现在：

①防伪技术的技术含量不高。许多技术在发展初期的确起到了防伪作用，但之后的发展却不尽如人意。如激光全息标识防伪技术，假冒的激光全息标识能以假乱真。其他的防伪技术，如荧光防伪、变温防伪、可视水印等，由于其技术含量不高，极易被破译和掌握，出现大量的伪造防伪产品。

②技术更新慢、随机性差。许多印刷防伪技术一旦采用，核心技术就一成不变了。在短期内，可以起到防伪作用，但由于不进行更新或更新慢，随机性差，不法分子有较长时间研究该防伪技术，从而破译和被利用。

③防伪市场混乱。由于防伪技术需要专业人员，一般技术人员不易深入了解防伪技术本身的优劣。采用技术含量不高的防伪技术，就极易被仿造。有必要建立统一的防伪市场，综合评价各防伪技术的力度，不同的产品采用不同级别的防伪技术。

印刷品防伪技术需要不断更新，必须突破材料、设计和专用印刷设备的局限性，增加防伪技术的技术含量，加大综合防伪的力度，提高印刷品防伪的性能。

8.6.2　数字水印技术在印刷品防伪中的特性

数字水印技术应用于印刷或打印有许多特点，它彻底更新了印刷品防伪的传统观念。从技术的角度来讲，设计软件和算法时，需要更好的稳健性和抗攻击性，同时还需要满足下列一些特殊的性质：

①视觉不可见性。印刷品中图像的视觉不可见性。

②机读性。可单机或网络认证。

③抵抗非线性的稳健性。A/D，D/A 转换，包括非线性量化失真和空间混叠。

④抵抗旋转、缩放和剪切攻击。印刷品位置不正，可能产生旋转和剪切，印刷和检测都有可能产生比例缩放的变化。

⑤抵抗色彩变换和文件格式变换。RGB，CMYK，BITMAP，GRAYSCALE 等格式和色彩的变换，含色彩失真（印刷和扫描时的色彩失真，使用中的老化或磨损等）。

⑥保密性。可以与密码学结合起来，增强安全性。

⑦水印的容量。与不可见性和鲁棒性结合考虑。

⑧防伪技术可以逐步升级。只有不断升级，才有可能有效防伪。

⑨对印刷设备无特殊要求。

8.6.3　加密全息水印印刷和认证技术

加密全息图像具有一系列的技术特征，特别是抗位压缩能力、抗随机干扰能力和部分恢复整体的能力等。加密全息的这些抗扰动的能力，与加密全息的加密性能结合，通过打印或印刷，制作成为全息标识，可以实现印刷防伪，特别是对具有个性化特征的证件、文件或合同等进行印刷防伪。将全息图像作为水印隐藏在载体图像中，形成含水印的载体图像，将其印刷打印，作为印刷水印防伪，具有广泛的应用前景。该印刷防伪技术具有如下特点：

①制作方法简单，可通过普通的打印或数字印刷技术来实现。

②保密防伪性能强，只有授权的钥匙模板才能看到原始图像（授权的钥匙模板随机变换生成，信息量大，无法复制）。

③制作成本低。通过打印或现代数字印刷系统直接在普通纸张上印制，并通过普通扫描

仪将印刷的全息标识或印刷水印输入计算机，进行识别和认证。

具体的防伪标识的生成、印制和认证方法如下。

①印刷全息标识的生成。首先将具有个性化特征信息，如姓名、ID号、签名、指纹等信息，经过加密全息技术调制加密，生成加密全息图像 $H'(x, y)$。但还是不能直接印刷在纸张等印刷品上，主要是因为式 $H'(x, y)$ 的实数图像像素值有正有负，而且表示的精度永远超过印刷表示的范围。$H'(x, y)$ 的实数图像必须经过处理才能直接打印或印刷。处理过程如下：

$$H_p(x, y) = \frac{H'(x, y) - H_{\min}}{H_{\max} - H_{\min}} \qquad (8-46)$$

$H_{\max}$ 和 $H_{\min}$ 分别表示 $H'(x, y)$ 的最大和最小值。式（8-46）称为 $H'(x, y)$ 的归一化处理。并将 $H_p(x, y)$ 压缩成每像素用 256（8bit/pixel）或更少的灰度等级表示，就可以将菲涅耳加密面全息标识直接通过打印机打印或数字印刷机印刷。

②印制。表示经过归一化和压缩处理后，就可以通过打印或数字印刷的方式将其进行直接印制在普通纸张等承印物上，作为防伪标识。直接打印或印刷方式，无须经过特殊的编码和特殊的手段进行印制，方便了制作，降低了制作成本和防伪成本。

③认证。认证时，将印制在纸张等承印物上的防伪标识，通过普通的扫描仪扫描输入，进行几何畸变校正处理（旋转、缩放、重采样等），生成打印或印刷时所用的图像对应的像素数。将其进行归一化处理，即恢复成印刷前的图像 $H_p(x, y)$，并将其减去图像均值，变化成为加密全息图像 $H'(x, y)$ 表示，但其等级为 256 或更低。将 $H'(x, y)$ 进行解密就可以获取原始认证信息。

8.6.4 基于 CMYK 颜色空间的光全息水印算法特性分析

基于 CMYK 颜色空间的光全息水印算法把载体图像从 RGB 颜色空间转换到 CMYK 颜色空间，对载体图像的 Y 分量进行小波分解，获得小波分解后的低频分量（ca_1）、水平分量（ch_1）、垂直分量（cv_1）、对角线分量（cd_1）。（ca_1）低频分量对应图像的全局信息，其他分量为图像的高频部分；对小波分解后的系数矩阵进行频谱分析，对一次小波分解后的高频分量（ch_1）进行小波分解，得到高频分量 ch_2；对 ch_2 进行小波分解，得到的各个分量主要集中在高频部分；把水印图像嵌入在高频部分，对视觉的影响较小，克服了载体图像的低频部分对重建水印的影响，增强了水印信息检测的可靠性。

在印刷行业，用 CMYK 颜色模式进行印刷。打印机和印刷机的呈色原理是减色法，而显示器、扫描仪等数字采集设备采用的是加色三原色 RGB 色彩空间，这就造成了不同彩色设备的呈色原理不同。CMYK 色彩空间的色域较小，进行颜色空间的转换，造成色彩信息和水印信息的丢失；为了避免水印信息的损失，直接在 CMYK 颜色空间进行水印的嵌入。

（1）水印的嵌入算法

生成加密全息水印图像；读取 RGB 图像，把该图像转换到 CMYK 颜色空间，提取 Y 分量，对 Y 分量进行小波分解；小波分解后得到水平（ch_1）高频分量，再对水平分量（ch_1）小波分解，得到水平分量（ch_2）；对高频分量（ch_2）小波分解，得到不同的高频分量。选择合适的嵌入强度 K，把水印分别嵌入到（ch_2）分量经过小波分解后的各个分量中，再对各分量进行三次逆小波变换，得到含有水印的 Y 分量，合并 C、M、Y、K 通道，得到含水印的 CMYK 模式的图像。水印嵌入算法流程如图 8-18 所示。

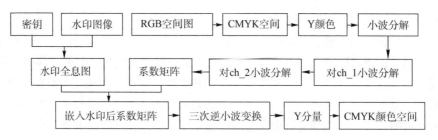

图 8-18　水印嵌入算法流程图

（2）水印的提取算法

扫描印刷的含水印图像，把该图像从 RGB 颜色空间转换到 CMYK 颜色空间，抽取 CMYK 颜色空间的 Y 分量，对 Y 分量进行小波分解，然后对得到的水平分量（ch_1）进行小波分解，再对得到的水平分量（ch_2）进行小波分解；对水平分量（ch_2）小波分解得到的各个分量与随机加密相位模板 $B(\xi, \eta)$ 全息图像相乘，再进行逆傅里叶变换，然后把得到的各水印信息叠加在一起，就得到了重建的水印。重建水印的过程不需要原始图像的参与，属于盲提取技术。水印提取算法流程如图 8-19 所示。

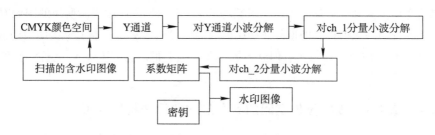

图 8-19　水印提取算法流程图

仿真实验结果如图 8-20 所示，在 CMYK 颜色空间中直接添加水印，然后重建水印，计算重建水印与原始水印的相似度。对称的水印图像大小为 128 像素 ×128 像素，载体图像大小为 1024 像素 ×1024 像素，含水印图像未经过打印扫描。

(a) 载体图像和原水印图像

(b) CMYK色彩空间嵌入水印和提取水印（PSNR=31.91，NC=0.80）

图 8-20　CMYK 颜色空间嵌入与提取实验效果图

由图 8-20 可见，由于在 CMYK 颜色空间中人眼对 Y 通道敏感度较低，因此水印可被添加到 Y 通道中。同时计算得到的嵌入水印图像和原始图像的峰值信噪比为 PSNR = 31.91dB > 20dB，表明嵌入水印的载体图像在人眼不能感知的视觉范围内。提取的水印与原始水印的相似度为 NC = 0.80，表明能够重建清晰的水印以及在 CMYK 颜色空间隐藏水印的可行性。

在 RGB 颜色空间和 CMYK 颜色空间分别嵌入水印，比较重建水印的清晰度，以验证印刷水印算法在 CMYK 颜色空间嵌入的优势。基于 RGB 颜色空间的水印算法，通常在 B 通道中嵌入水印；选择同样大小的载体图像，保证图像质量的前提下，嵌入水印的载体图像的 PSNR 要大致相等；嵌入水印图像经过打印扫描后，重建水印图像，计算水印图像的相似度，客观评价水印的清晰度。图 8-21 所示的图像为 RGB 颜色空间嵌入水印后打印扫描的图像和重建的水印图像。图8-22所示的图像为 CMYK 颜色空间嵌入水印后打印扫描的图像和重建的水印图像。

(a) PSNR=41.83　NC=0.01　　(b) PSNR=30.12　NC=0.02　　(c) PSNR=20.50　NC=0.08

图 8-21　RGB 图像的 PSNR 值和相似度（NC）

(a) PSNR=44.12,　NC=0.50　　(b) PSNR=32.14　NC=0.54　　(c) PSNR=25.68　NC=0.56

图 8-22　CMYK 图像的 PSNR 值和水印相似度（NC）

图 8-21 与图 8-22 对应的 RGB 图像的 PSNR > CMYK 图像的 PSNR，说明嵌入水印的 CMYK 图像的质量比嵌入水印的 RGB 图像的质量好，而 CMYK 图像重建水印的相似度远大于 RGB 图像重建水印的相似度，所以 CMYK 颜色空间嵌入水印重建的水印较清晰。

（3）打印/扫描后仿真实验

用1024 像素×1024 像素大小的 CMYK 图像作为载体图像和128 像素×128 像素大小带有 USST 字母的二值图像作为水印图像，如图 8-23 所示；打印机为 Color LaserJet Professional CP5225（CE710A），扫描仪为中晶9800XL 高分辨率彩色扫描仪。为了尽可能地避免扫描过程引入的几何失真，以提高水印的正确率，使用 Photoshop 软件对打印扫描后的图像进行旋转校正。打印分辨率为 300dpi，扫描分辨率为 600dpi，由图 8-23 可见，基于 CMYK 颜色空间的光全息水印算法能够通过扫描提取出数字水印信息。

（4）水印的鲁棒性仿真实验

在保证图像质量的前提下，利用 MATLAB 软件进行仿真，测试嵌入水印图像的鲁棒性，对嵌入水印的图像进行裁剪、有损压缩、中值滤波、加入高斯噪声、加入椒盐噪声等操作；

(a) 原载体图像和水印图像　　　　(b) 含水印图像　　　　　(c) 打印/扫描图像和提取
　　　　　　　　　　　　　　　　（PSNR=26.39）　　　　　　水印图像（NC=0.68）

图 8-23　水印的嵌入与提取仿真

计算攻击的含水印图像与原始载体图像的峰值信噪比；然后打印扫描，客观评价重建水印与原始水印的相似度。

　　图 8-24 的测试结果表明：嵌入水印的图像裁切较大比例，能够重建清晰的水印图像，这充分表明了水印算法的抗裁剪能力；嵌入水印后的图像经过高斯噪声、椒盐噪声和中值滤波攻击后，提取的水印还具有良好的表现，说明该算法有较强的抗噪声和滤波的能力。从原始水印与重建水印的相似度可以看出，该算法能够抵抗一次打印和扫描的攻击，该算法的鲁棒性较强。

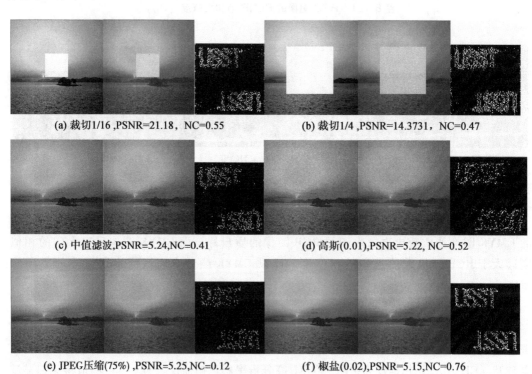

(a) 裁切1/16,PSNR=21.18，NC=0.55　　　　　(b) 裁切1/4,PSNR=14.3731，NC=0.47

(c) 中值滤波,PSNR=5.24,NC=0.41　　　　　(d) 高斯(0.01),PSNR=5.22, NC=0.52

(e) JPEG压缩(75%) ,PSNR=5.25,NC=0.12　　　　　(f) 椒盐(0.02),PSNR=5.15,NC=0.76

图 8-24　水印攻击仿真实验效果图

参考文献

[1] 蒋春华. 静电成像技术 [J]. 广东印刷, 2012, 3: 26 – 27.

[2] 董贵. 喷墨成像与静电成像印刷技术对比 [J]. 今日印刷, 2011, 4: 28.

[3] 刘其红. 喷墨印刷技术原理与应用 [J]. 印刷工业, 2009, 4: 43 – 45.

[4] 骆光林, 王东峰. 浅谈喷墨印刷技术 [J]. 印刷技术, 2003, 9: 36 – 37.

[5] 刘华. 热敏印刷技术及应用 [J]. 丝网印刷, 2008, 5: 33 – 36.

[6] 刘红莉. 数字成像之热成像技术 [J]. 今日印刷, 2008, 10: 32 – 34.

[7] 王世勤. 数字印刷技术的发展及现状 [J]. 影像技术, 2009, 3: 3 – 12.

[8] 胡维文. 磁成像数字印刷技术 [J]. 印刷世界, 2008, 4: 57 – 59.

[9] 狄东刚. 数字印刷技术应用探讨 [J]. 现代商贸工业, 2011, 13: 236.

[10] 徐喆, 数字印刷中的直接成像技术 [J]. 今日印刷, 2004, 9: 54 – 55.

[11] 高峰, 静电成像数字印刷机的成像原理 [J]. 印刷技术, 2012, 9: 43 – 45.

[12] 何君勇, 李路海. 喷墨打印技术进展 [J]. 中国印刷与包装研究, 2009, 6: 1 – 9.

[13] 冈萨雷斯等. 数字图像处理 [M] (第 3 版). 北京: 电子工业出版社, 2010.

[14] 阮秋琦等. 数字图像处理学 [M]. 北京: 电子工业出版社, 2007.

[15] 吴国平, 童恒建, 刘勇等. 数字图像处理原理 [M]. 武汉: 中国地质大学出版社, 2007.

[16] 孙燮华. 数字图像处理——原理与算法 [M]. 北京: 机械工业出版社, 2010.

[17] 杨帆等. 数字图像处理与分析 [M] (第 2 版). 北京: 北京航空航天大学出版社, 2010.

[18] 姚敏等. 数字图像处理 [M]. 北京: 机械工业出版社, 2008.

[19] 全子一. 图像信源压缩编码及信道传输理论与新技术 [M]. 北京: 北京工业大学出版社, 2006.

[20] 张春田, 苏育挺, 张静. 数字图像压缩编码 [M]. 北京: 清华大学出版社, 2006.

[21] 孙即祥. 图像压缩与投影重建 [M]. 北京: 科学出版社, 2005.

[22] 姚庆栋, 毕厚杰, 王兆华, 徐孟侠. 图像编码基础 [M] (第 3 版). 北京: 清华大学出版社, 2006.

[23] 夏良正, 李久贤. 数字图像处理 [M] (第 2 版). 南京: 东南大学出版社, 2011.

[24] 沈庭芝, 王卫江, 闫雪梅. 数字图像处理及模式识别 [M]. 北京: 北京理工大学出版社, 2007.

[25] 张德丰. MATLAB 数字图像处理 [M]. 北京: 机械工业出版社, 2009.

[26] 高健, 陈耀, 刘旦. 分组无损图像压缩编码方法 [J]. 计算机工程与设计, 2010, 31 (15): 3447 – 3450.

[27] 田勇, 丁学君. 数字图像压缩技术的研究及进展 [J]. 装备制造技术, 2007, (04): 72 – 75.

[28] 冯希. 几种图像无损压缩与编码方法的比较研究 [D]. 中国科学院研究生院 (西安光学精密机械研究所), 2008.

[29] 徐飞. 浅析图像压缩编码方法 [J]. 电脑知识与技术, 2010, 6 (23): 6584 – 6586.

[30] 王海松, 赵杰. 数字图像压缩技术的现状及前景分析 [J]. 科技信息, 2010, 5 (03): 445 – 446.

[31] 杨晓, 李悦. 基于 Matlab 的图像压缩编码 [J]. 计算机与信息技术, 2009, 4 (03): 23 – 28.

[32] 曹玉茹, 郑载明. 基于 Matlab 的图像压缩实现 [J]. 微计算机信息, 2010, 26 (4): 143 – 147.

[33] 陶长武, 蔡自兴. 现代图像压缩编码技术 [J]. 信息技术, 2007, 8 (12): 53 – 55.

[34] Andreas Koschan, Mongi Abidi 著. 章毓晋译. 彩色数字图像处理 [M]. 北京: 清华大学出版社, 2010.

［35］Rafael C. Gonzalez，Richard E. Woods 著．阮秋琦等译．数字图像处理［M］．北京：电子工业出版社，2011．

［36］秦襄培，郑贤中等编著．MATLAB 图像处理宝典［M］．北京：电子工业出版社，2011．

［37］Sybil Ihrig，Emil Ihrig 著．李建军译．印前数字图像处理实用技术［M］．北京：电子工业出版社，1998．

［38］徐艳芳编著．色彩管理原理与应用［M］．北京：印刷工业出版社，2011．

［39］程杰铭，陈夏洁，顾凯编著．色彩学［M］．北京：科学出版社，2006．

［40］顾桓，范彩霞编著．彩色数字印前技术［M］．北京：印刷工业出版社，2011．

［41］刘维，刘纪元，黄海宁，张春华．声纳图像伪彩色处理的调色板连续色编码方式［J］．系统仿真学报，2005，No. 7：1724－1726．

［42］李文元，黄翔东，李昌禄，袁亚斌，王兆华．伪彩色增强显示的设计与实现［J］．中国体视学与图像分析，2003，8（4）：235－239．

［43］王强，彭辉，杨根福．印刷媒体色彩变换方法的研究［J］．中国印刷与包装研究，2009，（1）：60－64．

［44］余章明，张元，廉飞宇，陈得民，王红民．数字图像增强中灰度变换方法研究［J］．电子质量，2009，（6）：18－20．

［45］李冠章，罗武胜，李沛，吕海宝．一种基于色调/饱和度/亮度彩色空间的灰度变换算法［J］．湖北大学学报（自然科学版），2008，12（4）：356－359．

［46］刘筱霞，张茜楠．图像灰度变换在 Photoshop 中实现方法的研究［J］．包装工程，2009，3：71－73．

［47］白高峰．网目调数字水印算法研究［D］．天津：天津大学，2005．

［48］任小玲．基于误差扩散网目调方法的研究［D］．西安：西安电子科技大学．2006．

［49］姚海根．数字加网技术［M］．北京：印刷工业出版社，2000．